李 竹/编

厕所革命

PUBLIC
RESTROOM
REVOLUTION

广西师范大学出版社　images
·桂林·　Publishing

目录

CONTENTS

前言
PREFACE

雅基 · 叙萨尔

雅基 · 叙萨尔设计工作室创始人

由于生物学性质与生存需要，人类和动物的行为会受到生理机能或其他基本需求的支配，诸如吃饭、喝水、睡觉、排泄和繁衍，等等。随着社会和文明的逐步发展，一些新的日常或周期性行为开始出现，例如宗教洗礼仪式。这些新的行为通常是有组织的、有层次的，体现着不同文化的生活方式。因此，我们可以发现人类的吃饭、喝水等行为也开始具有社会和文化意义，它们甚至成为了社会联系的主要基础形式。城市内修建了很多用于满足这些基本需求的空间。在某种程度上，路边摊、餐厅、咖啡馆等餐饮场所的密度可以反映一个街区的活力。而那些享有盛名的餐饮场所都会利用它们的建筑和装饰环境来展现其菜品的精致程度和文化内涵。

当然，还有一些生理机能并没有获得同样的文化认同，无法成为有效的社会联系的象征，比如排泄。虽然人们每天都会去几次卫生间，但是这种生理机能是非常私人的。与群体行为恰好相反，上厕所需要人们单独完成。因此，与这项日常行为相关的公共设施通常被设置在隐秘而分散的空间内，并且在建筑和装修方面没有受到过多的关注。但是，在应对卫生、异味等一些令人讨厌的问题方面，公共厕所比其他大多数建造空间有着更高的技术性要求。现代公共厕所的建造和管理方式为人们解决了大部分的麻烦。粪便通过埋地管道流走，而通风、排气和冲洗的模式可以去除粪便的气味，防止蚊虫滋生。

去除令人讨厌的问题，重建厕所的形象，并将它们改造成干净、卫生的空间，甚至在某种意义上能够反映生活的品质。上文我们所提到的餐饮场所，它们的厕所通常也能反映其场所的品质。有格调的公共场所会投入大量的资金，借助厕所的装饰和空间布置来展示自己的创意和氛围。

公共厕所的治理及卫生状况会反映一个国家的文化和社会水平吗？当然。对于很多城市来说，厕所治理确实是一个棘手的难题。极端复杂的现代公共厕所的建造方式有时会影响公共厕所的数量和位置，使"找厕所"这件事变得不那么容易。先前的那些遍布城市各个角落的难闻的小便池和厕所虽然令人反感，却可以满足人们的不时之需。而公厕短缺的情况致使某类人群的自由受到了限制，例如老年人和妇幼。

此外，这些公共设施还会引发重大的生态问题：事实上，排入管道系统的公厕用水和洗涤产品的消耗与使用者的数量是不成比例的。新一代设备，例如无水厕所、强力换气系统等，仍然难以在城市中开发。

公共厕所的推广是关乎技术、生态、文化、建筑等层面的一个主题。技术和生态问题仍然紧密地联系在一起。未来的挑战将集中在城市用水、清洁原则及速度与易用性上。某些热闹的场所的公共厕所时常会出现人多排队的情况。每个人使用公厕之后的清洁程序仍然影响着公共厕所的使用率。在社会、城市或景观层面上，卫生设施的吸引力会越来越明显，因为这些场所可以改造成令人愉悦并可提供多种便利的空间。拥有精心设计的景观停车场、怡人的休息处、干净的厕所等设施的景点或公共场所将会成为城市地标或聚会之所。

公共厕所扮演着重要的社会角色。对城市道路的思考也是对走在道路上的人们的思考。道路沿线是否修设有公共厕所影响着老年人的日常出行。当意识到这个问题时，我们就会发现我们有能力为人们建设一座理想的城市。

我们需要为城市构思、设计并打造这些新地标。由赫克多·吉玛德设计的地铁站曾是 20 世纪初期法国巴黎的象征，同样地，新一代的公共厕所也会成为 21 世纪大都市的现代标志。

我为什么坚持做"厕所+"

WHY PUBLIC RESTROOM +

李竹

一、公众关注公共厕所，到底在关注什么？

厕所作为一种特殊的公共服务设施，代表着人的基本需求，在过去只为解决温饱的年代长期被人忽视，一个"方盒子"左右两个门，成为厕所在那个年代根深蒂固的形象。但在"全面建设小康社会"的奋斗目标的引领下，人们对待此类公共服务设施的态度，不再局限于只满足最基本的需求了。

自从 2014 年我们工作室设计"牛首捌厕"以来已过四载，项目竣工后，社会反响强烈，各路媒体争相采访，也超出了我们的预期。在随后的一篇文章中我曾写道："公众越来越关注自身的尊严……每一个普通人享受设计的时代已经到来。"果然，2016 年国家旅游局率先提出在国内景区评定中实行"厕所革命"；2017 年，"厕所革命"更是在习近平总书记的指示下上升为全国范围内的举措。随着一些项目的落成，我回过头来再去反思和审视，逐渐找出了那些贯穿在设计背后的理念。除了追求内部功能更加完善、合理、人性化之外，我也将关注点放在如厕外延的功能需求和心理需求上。我将之称为"厕所+"。

　　我们有理由认为，公众关注公共厕所这类最基础的公共设施，实际上就是在关注我们每一个人的生活品质，它折射出的是公众通过生活品质的提升来体现被社会尊重的心理。

二、"+"是什么？

1."+"人性化

　　俗话说，"人有三急"。在如厕之前，人是非常焦躁、急促的。因此，除了醒目的标志，厕所更需要简洁、明了的内部布局，让人一目了然。针对使用者的心理，如何让人在如厕的时候，感觉到自在、放松和安全，是设计的重点。除了相关的规范、标准中对于使用尺寸、洁具数量、设备设施等具体而详尽的要求之外，经过调查我们还发现，大家如厕时的要求集中体现在这四点上：干净整洁、没有异味、光线舒适、适当的背景音乐。干净整洁：这一区域不需要过分的装饰和装修，一方面是因为近距离的小空间限制了人们的视线，另一方面是即使装饰了人们也没有心情去欣赏，而且考虑到公共厕所人流量大的特点，过分的装饰极易留下难以清扫的卫生死角，因此平整、

▲
左图：冷光源带来洁净感
右图：暖光源带来温馨感

精致、易清洁成为设计的主基调。没有异味：较为稳妥的处理办法是使用强排风，让厕所内形成负压，而且室内排风口通常设置在高处，从而使异味迅速远离厕所内的人，当然，室外的排风口应避免朝向人群密集的地区。光线舒适：并不是光线越充足越好，这样容易让人有一种被暴露感，故此，厕所光线只要不昏暗即可，冷光源产生洁净感，暖光源产生温馨感。适当的背景音乐：出于隐私考虑，背景音乐往往能掩盖掉一些如厕时令人尴尬的声音，从而让人更加舒心、放松。人性化的公共厕所设计实际上是城市文明水平的体现。

将"第三卫生间"分别细化为无障碍卫 ▶
生间、幼童卫生间、母婴卫生间

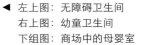

　　母婴室是另一个体现人性化的区域，虽然在规范中，无论是第三卫生间，还是家庭卫生间，对无障碍及幼童的如厕都有涉及，但仍限于最低标准。在有条件的情况下，还是应尽量将无障碍卫生间、儿童卫生间、母婴室分列设置，童卫主要是解决低龄儿童在父母尤其是异性父母陪同下如厕的性别隐私问题。而母婴室更是当下社会所急需的，以前大家很少带婴儿出游，原因之一就是觉得很多行为非常不方便，如换尿不湿、喂奶、食物加热、清洗污渍、吹干衣物，这些设施如能在母婴室设置到位，将极大程度地缓解哺乳期女性的忧虑。

　　值得警惕的是，公共厕所里最核心的设施，仍应以安全、人性、实用、耐用为主，避免一些不必要的或者是华而不实的电子、电器产品，因为保洁人员每天冲洗、打扫的强度非常大，潮湿有水的环境也不利于对这些设备进行清洁、消毒，从而在污区增加了病菌传播的风险。

公共厕所中的细节——应注重易保洁
▼

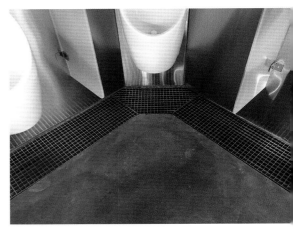

11

左图：可赏景的外延空间
右图：有维护的外延空间

2."+"外延空间

相对于以往标签式的"一个方盒子左右两个门"的厕所形象，越来越多的新建厕所和改建厕所更加注重厕所的干湿分区和洁污分区，即在核心功能外设置一个外延空间，这个空间往往兼作门厅、休息厅等功能。这样的空间有效解决了诸如家庭成员出行，如厕完毕后相互等候的问题。另外，针对女性上厕所喜欢结伴的习惯，令人舒心、放松的外延休息交流空间就显得尤为重要了。本书很多项目在这方面都是很好的例子，比如墨西哥的凉亭和公共厕所项目，设计师把厕所打造成可透光的亭阁结构，形成可透视的院落，院落中有座椅、有植物，让人在如厕前后都有愉悦的交流和休息空间。

3."+"复合功能

公共厕所往往都设置在人员密集之处，人们在这里如厕、休息、整顿，因而会随之产生额外的配套服务需求。从土地高效利用的角度讲，将这些功能集中配置建设是有益的。常见的做法是，将厕所与茶室等轻质餐饮以及一些无人售卖的设施空间集中建设，甚至还可以根据实际需求，加入一些沙龙空间、宣教空间以及阅读空间。

左图："+"售卖 ▶
右图："+"茶室

◄ "+" 书屋

◄ "+" 宣教空间

　　市场的嗅觉是最灵敏的，这种人群聚集后产生的一些垃圾时间和碎片时间，是互联网信息发布和体验的绝佳窗口，一些高科技的企业逐渐将产品推广的触角伸向前面讲到的厕所外延区域。

　　当然，在有条件的情况下，为辛勤的环卫工人创造一处整洁的休息场所——环卫之家，为他们提供物品存放、休息交流、补充给养的场所更能体

草木山河都是设计的源泉

现出人文关怀。 本书中，除了牛首捌厕和南京紫东国际创意园景观公厕，望江驿厕所、花之力量厕所、吉朗环路休息区公共厕所都具有这样的复合功能。

建筑"由地而生" ▶

4. "+" 建筑美学

厕所作为为大众服务的公共设施，自然肩负着向公众传播建筑美学的责任。这里指的美学，并不是指装修的"高大上"，也不是狭义的局限在所谓的风格样式上，而是运用经济、环保、耐用的材料，依据建筑所在区域的地形地貌特征，带领使用者去发现场地的美，同时将自身也融入环境，与之相协调的一种建筑美学理念。而在细节处理上，注重材料的比例、搭配和精致细部带给人的品质感，这个概念就是建筑的"在地性"——由地而生的建筑。本书的红木森林公园游客中心厕所和山之厕所将富于艺术感的建筑设计完美地融入周围的自然美景，同时，它们分别使用了耐候钢和木材这两种经济、耐用的材料，很好地诠释了厕所的建筑美学。

5. "+" 建造技术

当下的中国，各类产品、材料已经实现工业化、成品化，但在建筑，尤其是公共性小建筑的结构建造领域，依旧是以粗放式的施工方式为主，尤其是像公共厕所这类小尺度的建筑，粗糙的结构很多时候只能依赖后期外包装去掩饰。因此，在条件具备的情况下，在国家倡导的装配式建造的大趋势下，运用一些装配式的结构建造技术。其优势如下：（1）提高项目的建造效率；（2）减少对环境的破坏；（3）精细化的结构自身就具备展示性，省去了二次装修的投入。本书中山之

▲
建筑"隐于自然"

15

装配式集成竹材结构 ▶

厕所和新帕里斯公共厕所都是装配式建造技术的范例。

三、结语

不要轻视一个小小的厕所，认真研究起来，仍然有相当多的提升空间和改进之处。越是小的东西，越要做好集成和管控，这就要求先进的设计理念、精湛的建造工艺、高效的管理水平等各方面共同积极作用。我们只有把身边诸如公共厕所这类基础服务设施做得安全、方便、舒适，才能让每一个人的出行更加便利，这也是作为公民值得拥有的尊严。（图片摄影：钟宁、李竹）

【作者简介】

李竹，国家一级注册建筑师，重庆建筑大学建筑学硕士，东南大学建筑设计研究院有限公司建筑技术与艺术（ATA）工作室主持建筑师，主要从事公共建筑设计与研究工作。出自其手的牛首捌厕、南京紫东国际创意园景观公厕在国内引起了强烈反响。

案例赏析

CASE STUDIES

牛首捌厕

　　在物质文明水平日益提高的当下，人们逐渐对公共厕所这个长期以来被忽视的场所有了更高的需求。恰逢国家旅游局发起旅游景区"厕所革命"的倡议，本案设计师试图通过为南京牛首山文化旅游区设计的八座公厕，结合当时当地的资金投入和施工条件，在这方面做一些探索和尝试。

　　通过对景区中厕所选址的现场踏勘，最初在任务书中强调的"隐"和"藏"在实际的自然环境中却是另一个角度的"露"与"观"。根据每座建筑所处的地理环境和人文环境的不同，设计团队决定从建筑的"在地性"出发，通过建筑去引导游客感受和体验其所处的环境，即通过建筑去描绘场地。每个公厕都被视作一个游客综合服务点，除了具备最基本的公厕功能，还集合了游客休息区、景点的设备控制及管理用房，从而避免了分散建设占用土地。游客除了可以在这些综合服务点方便、舒适地如厕之外，还能观景、休息和补给。对应每个建筑所处的环境不同，设计团队针对八个不同的公厕选址，因地制宜地提出了八种不同主题的方案。

项目地点｜中国，南京市
建筑设计｜东南大学建筑设计研究院有限公司建筑技术与艺术（ATA）工作室
项目面积｜180~500 平方米
摄影｜钟 宁
客户｜牛首山文化旅游公司

1｜沿等高线排列的"钢盒子"
2｜栈道式的厕所入口

区位图

眺望

建筑藏在一处小山丘后面，这个北坡位置恰好可以掠过层叠的树梢顶端，将佛顶寺、牛首山头、佛顶塔以及佛顶宫尽收眼底，故"眺望"成为这个建筑的主题。

通过引道进入休息厅的过程，更像是在一个坡地上的游廊行走，游廊由一些不同高度开口的"盒子"组成，远处的景象，一个一个被依次展开。

"盒子"采用的耐候钢板和张拉铝网好似垂帘一般将人的视线压低到画卷高度，远处的庙宇屋顶、山间薄雾都成为框景。廊道侧墙采用"U"形玻璃将人们引导至休息厅，避免了实墙带给人的压抑感，改善了厕所给人封闭的印象。

最后在休息厅所处的那个"盒子"放眼望去，最美的构图跃然眼前。休息厅还有小件寄存处、自动售饭机、座椅等人性化服务设施。人们可以很放松地在这里欣赏这幅展开的"牛首圣景"画卷。

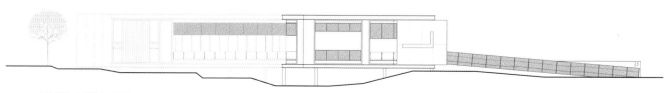

"眺望"厕所立面图

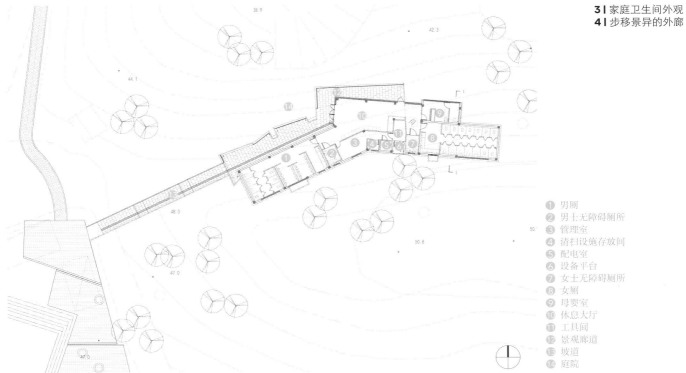

"眺望"厕所平面图

1 男厕
2 男士无障碍厕所
3 管理室
4 清扫设施存放间
5 配电室
6 设备平台
7 女士无障碍厕所
8 女厕
9 母婴室
10 休息大厅
11 工具间
12 景观廊道
13 坡道
14 庭院

5

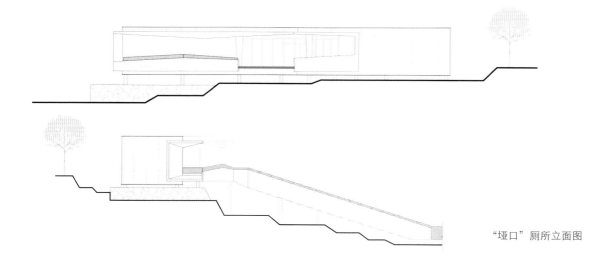

"垭口"厕所立面图

垭口

从一段折线式耐候锈钢板自行车爬坡道来到坡顶之后，这里有一处垭口，垭口的观景台可鸟瞰牛首山西面的广袤平原。从垭口回望，就是厕所的位置了，以"垭口"为主题，建筑立面仿佛被撕开一道口子，切面棱角分明，宽敞的空间为人们提供了休息、观景之处。

"垭口"厕所平面图

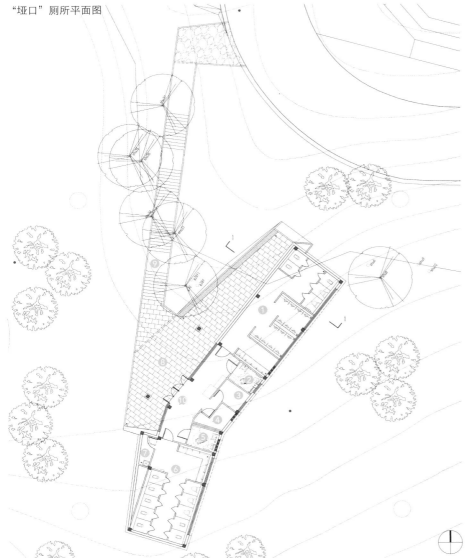

① 男厕
② 男士无障碍厕所
③ 管理室
④ 配电室
⑤ 女士无障碍厕所
⑥ 女厕
⑦ 清扫设施存放间
⑧ 景观廊道
⑨ 坡道
⑩ 休息大厅

区位图

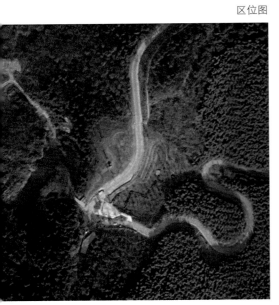

6

隐匿

厕所"隐匿"在一处下坡弯道的树林深处，如果是乘游览车经过，将不会注意到这里有一栋建筑。为了尽可能不打扰这片寂静的石子地面的树林，建筑隐匿其中，采用镜面不锈钢作为立面材料，不锈钢被深色的竹板凹槽不规则分割，投射出树木林立的空间肌理。入口两侧两个三角形的天井经过镜面相互反射后形成虚幻空间，模糊了内与外的界线，与树林的整体基调一致。

区位图

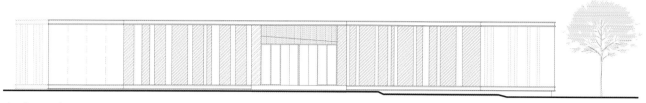

"隐匿"厕所立面图

① 男厕
② 男士无障碍厕所
③ 管理室
④ 配电室
⑤ 清扫设施存放间
⑥ 工具间
⑦ 女士无障碍厕所
⑧ 女厕
⑨ 休息大厅

"隐匿"厕所平面图

地衣

在宝象湖旁的一块靠坡的小平地，建筑如同"地衣"从地面"破土而出"，谦逊而平缓，草地顺着建筑由地面一直延伸至屋顶，除厕所外，建筑还拥有一个供游人使用的茶室。

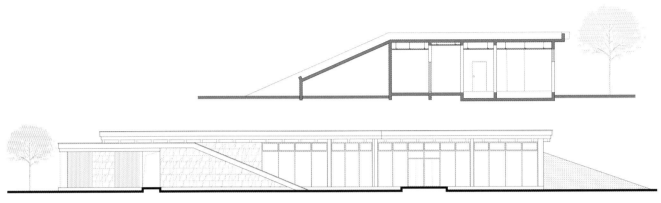

"地衣"厕所立面图

9 | 厕所与茶室
10 | 建筑从草地上"破土而出"
11 | 厕所部分的外立面

① 男厕
② 男士无障碍厕所
③ 清扫设施存放间
④ 女士无障碍厕所
⑤ 管理室
⑥ 配电室
⑦ 女厕
⑧ 茶室
⑨ 库房
⑩ 控制台
⑪ 草坡
⑫ 后院
⑬ 挡土墙

"地衣"厕所平面图

区位图

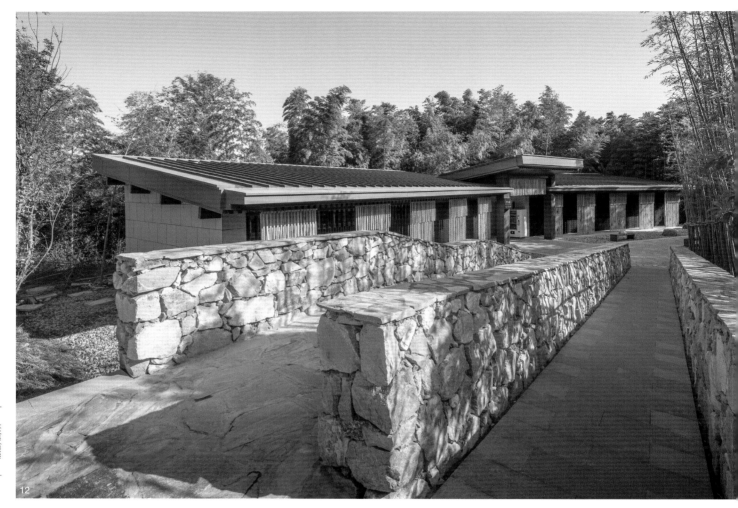

12

竹吟

　　人们下观光车后步行前往佛顶寺的步道旁，在一片竹林的洼地中，建筑以一种禅意的姿态静卧在那里。唯有划过石缝、竹梢的微风穿堂而过，摇曳的竹风铃相互撞击发出"嘭嘭"之声，似庙宇中佛音绕梁，此所谓竹吟也。游人静坐在休憩的"堂"中，一边听着竹的"吟唱"，一边赏着竹的"画卷"。

区位图

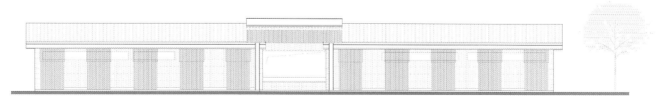

"竹吟"厕所立面图

① 男厕
② 男士无障碍厕所
③ 清扫设施存放间
④ 工具间
⑤ 管理室
⑥ 配电室
⑦ 女士无障碍厕所
⑧ 女厕
⑨ 休息空间
⑩ 竹林

"竹吟"厕所平面图

12 I 卧在竹林边的厕所
13 I 竹的框景
14 I 竹竿屏风与石的搭配

驻足

从佛顶寺的后山小径上山，约半山位置，在一片松林杂木的冲沟边，
建筑顺沟躺卧着。取名"驻足"，是希望它可以给游人提供休息驻足之地。

出挑的木盒亭，被竹竿屏风分割的光影，富有质感的竹板墙，交织成
一幅宁静的图画。

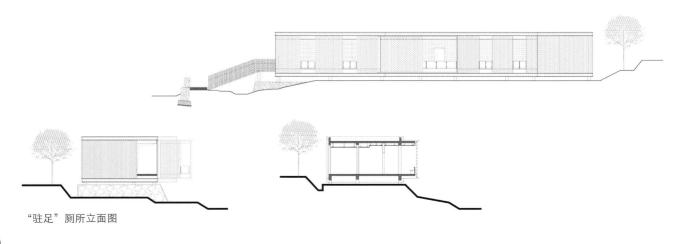

"驻足"厕所立面图

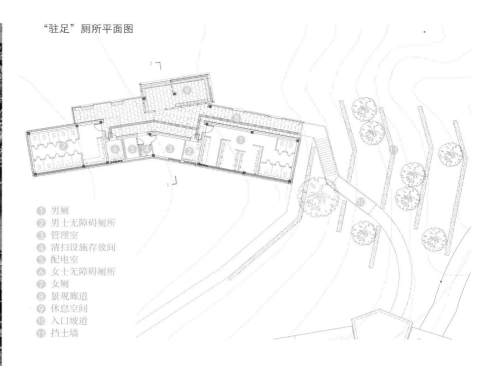

"驻足"厕所平面图

① 男厕
② 男士无障碍厕所
③ 管理室
④ 清扫设施存放间
⑤ 配电室
⑥ 女士无障碍厕所
⑦ 女厕
⑧ 景观廊道
⑨ 休息空间
⑩ 入口坡道
⑪ 挡土墙

区位图

15 | 位于冲沟林边的厕所
16 | 休息空间
17 | 由廊道望向木盒亭

谦卑

作为佛顶宫的游人集散乘车处的配套设施，为了使近 500 平方米的建筑在佛塔脚下尽量的退避，设计师决定让建筑以匍匐"谦卑"的姿态呈现——建筑逐渐从草地中隆起。立面采用垂直绿化墙的形式，层层推进，与弧形的雨棚形成建筑主入口。建筑还包括一个景区游览车的售票点及一些管理用房。

公厕主要是供参观完主景点的游人在游览车停车场候车时使用。游览车排队候车区的站棚也同为工作室设计，覆盖面积约 900 平方米的站棚采用了错落层叠的钢膜结构，造型取自佛教中具有隐喻性的菩提树叶。

区位图

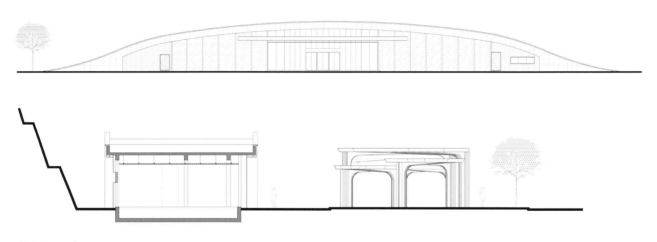

"谦卑"厕所立面图

18

18 | 位于佛顶宫脚下的"谦卑"厕所
19 | 立面的垂直绿化墙与叶状的站棚相互呼应

① 男厕　　　　　　　⑨ 休息空间
② 男士无障碍厕所　　⑩ 管理室 2
③ 管理室 1　　　　　⑪ 工具间
④ 清扫设施存放间　　⑫ 退票处
⑤ 配电室　　　　　　⑬ 草坡
⑥ 女士无障碍厕所　　⑭ 库房
⑦ 母婴厕所　　　　　⑮ 旅游大巴候车亭
⑧ 女厕

"谦卑"厕所平面图

33

20 | 厕所入口隐藏在"盒子"之间
21 | 轻薄的平顶与入口雨棚相结合

"平静"厕所立面图

区位图

平静

　　作为牛首山景区西入口的这栋建筑集厕所、景区补票处、商铺、管理用房等功能于一体。扁平的屋顶向四周尽量伸展，平静而舒缓，错列的竹格栅让建筑内敛而细腻，使游人的心境仿佛从尘世跨入佛境。

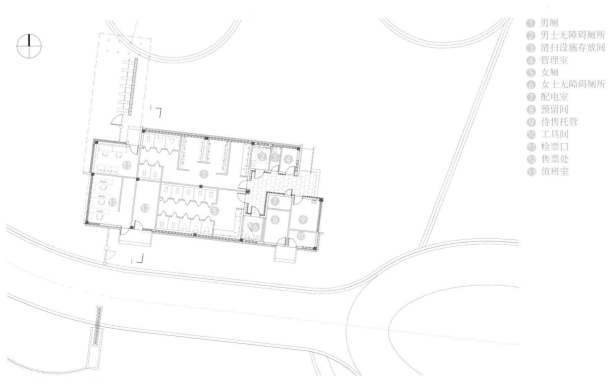

① 男厕
② 男士无障碍厕所
③ 清扫设施存放间
④ 管理室
⑤ 女厕
⑥ 女士无障碍厕所
⑦ 配电室
⑧ 预留间
⑨ 待售托管
⑩ 工具间
⑪ 检票口
⑫ 售票处
⑬ 值班室

"平静"厕所平面图

室内

在室内设计上，简洁、实用、人性化、易于日常管理维护是主基调。该项目布局采用"多舱室"的模式，将游客休息区、盥洗区、小便区、大便区、母婴区、无障碍区等分区布置。另外在设备上，婴儿台、儿童小便斗、儿童洗手池、电吹风机、应急呼叫系统、背景音乐设备等也都做了相应配置。

24

25

26

花之力量公共厕所

这是位于拉什卡特斯湾公园中的里格巴特利看台的翻新整修项目。该项目需要对现有更衣室的结构和布局进行改造，并增设新的公共设施和维护人员休息室。设计策略是对公园内现有看台的突出结构进行修复，并在周围建立起良好的实体和视觉联系。

该项目需要拆除看台旁边的三栋建筑，建立起其与后方的街道和公园的联系。三栋二层小楼取代了原有的三栋建筑，设计团队将公共设施设置在一楼，将维护人员休息室、餐厅、办公室和仓库设置在二楼。

为了减少新建筑的影响，设计团队将它们直接建在看台后方，并采用三栋小型建筑，而不是一栋大型建筑的形式，以便减少建筑的整体体量与规模。

项目地点 ｜ 澳大利亚、悉尼
建筑设计 ｜ Lacoste + Stevenson 建筑事务所
项目面积 ｜90 平方米
摄影 ｜ 布雷特·博德曼
委托方 ｜ 悉尼市议会

1 ｜ 新建筑所用的施工材料与现有看台相同
2 ｜ 带孔的木料可以实现自然通风

新建筑隐匿在其与看台之间的一条通道后面，其二楼架设了一条钢网步道与看台相连，位于通道上方，自然光线可以透过钢网步道射向下方通道。这座轻型桥梁将四栋建筑在高空中连接起来。

新建筑为简单的垂直式体量，与看台处的传统特色明显不同。建筑的外立面安装了与看台一样的木制挡风板，建立了视觉纽带。新建筑的高度与看台屋檐的高度一致，也建立起建筑规模之间的紧密联系。

新建筑的挡风板立面用抽象花朵的镂空图案进行装饰，将自然光线和风引入室内的同时，光线投射到室内地板上形成花朵的图案也为这些空间增添了不少生气，而这也变成了建筑立面的趣味装饰元素。上方的圆形天窗则将这些建筑与它们周围的公园联系起来。（翻译：潘潇潇）

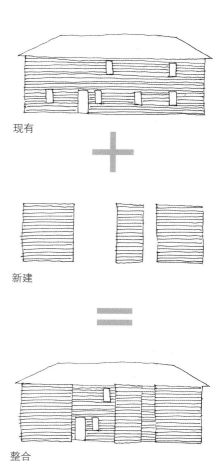

现有

新建

整合

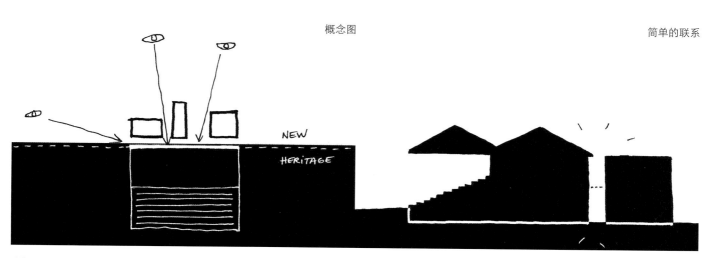

概念图   简单的联系

NEW

HERITAGE

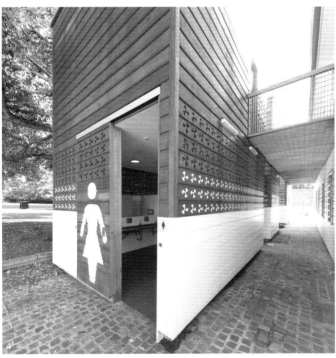

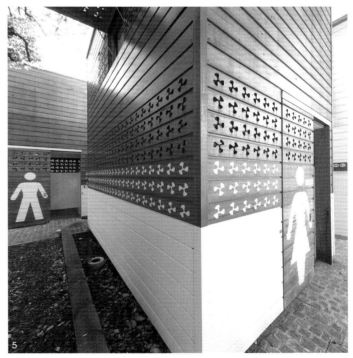

3 | 现有结构与新建结构和谐相融
4 | 新旧结构之间的联系
5 | 男厕和女厕的入口

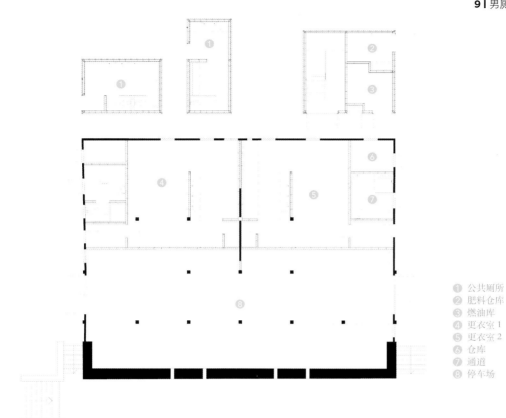

1 公共厕所
2 肥料仓库
3 燃油库
4 更衣室 1
5 更衣室 2
6 仓库
7 通道
8 停车场

一层平面图

旅游厕所

本加利比公园便利设施

经历过巨大改造的本加利比公园，如今已成为悉尼西部郊区最大的公园，也是西悉尼的宝贵财富。JMD 设计公司负责项目的景观设计咨询工作，设计并记录这一公园用地的开发流程。Stanic Harding 建筑事务所则负责设计并建造一系列的公园遮蔽结构和两栋公厕建筑，用于为公园游客提供服务。公共建筑需设有拥有婴儿尿布替换台的第三卫生间和独立的男女厕所隔间。

第一栋建筑位于儿童游乐场附近，完善了公园随处可见的遮蔽结构，并与游戏空间结构展开对话。设计理念是在巨大的钢结构波状透明屋顶结构下打造一个细长的结构。Z 字形屋顶轮廓成为这一大型开阔场地内的标志性结构，与遮蔽结构建立起联系，并与下方的细长建筑结构形成对比。

项目地点 | 澳大利亚，本加利比
建筑设计 | Stanic Harding 建筑事务所
景观设计 | JMD 设计事务所
项目面积 | 95 平方米
摄影 | 理查德·格洛韦尔
委托方 | 帕拉马塔公园 + 西悉尼公共用地信托基金会

1 | 从儿童游乐场望向有着波浪形屋顶的厕所设施建筑
2 | 敞开的中央入口可见上方半透明的屋顶和定制的不锈钢洗手盆

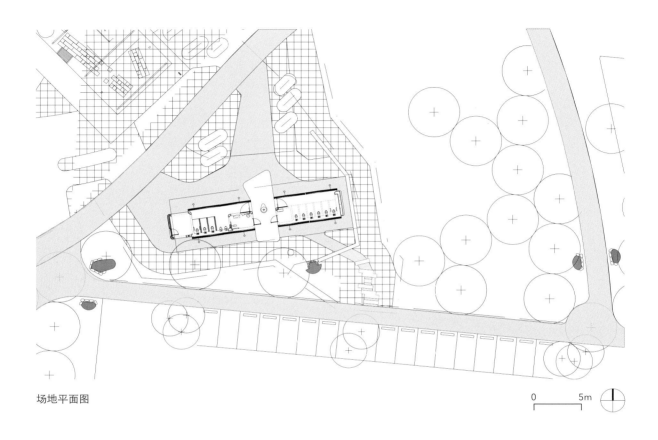

场地平面图

0   5m

建筑被划分成两个区域，男、女厕所设施分设两侧，中间留有一个开阔的空间用来设置第三卫生间和洗手池。向外探出的入口石板充当了建筑入口的门毡。

建筑内还设有一间独立办公室，供公园管理员使用。管理员可以通过办公室小门进入公园。建筑内、外墙均镶嵌有黄色的圆形瓷砖，并露出昔日的钢结构板条木屏风。人们可以根据隐私需求拉开或是关上对角支撑屏风。瓷砖色彩与相邻游戏空间的鲜艳色彩相互协调，吸引了众多访客的目光。对于开放公园用地内的公共设施来说，选择合适的材料尤为重要。因此，设计团队选择了一些无须过多维护的耐用材料。（翻译：潘潇潇）

3 | 侧视图展现了倾斜的墙面和突出的屋顶

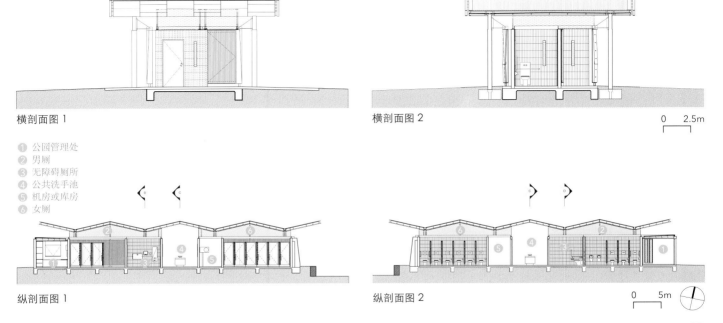

横剖面图 1

横剖面图 2

0   2.5m

① 公园管理处
② 男厕
③ 无障碍厕所
④ 公共洗手池
⑤ 机房或库房
⑥ 女厕

纵剖面图 1

纵剖面图 2

0   5m

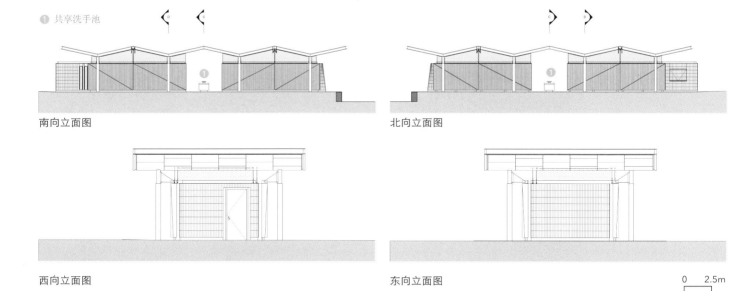

① 共享洗手池

南向立面图

北向立面图

西向立面图

东向立面图

0　2.5m

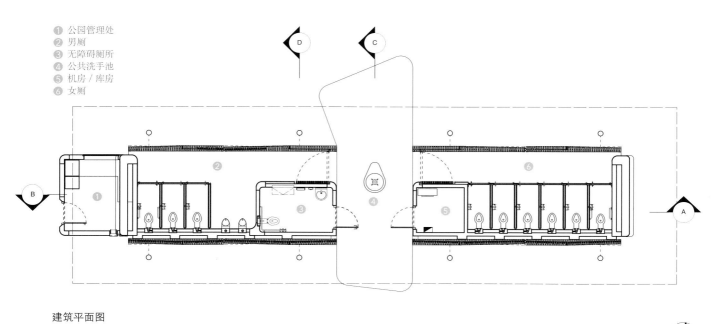

1 公园管理处
2 男厕
3 无障碍厕所
4 公共洗手池
5 机房／库房
6 女厕

建筑平面图

0　　　5m

8丨第三卫生间的橙红色内墙上嵌装有婴儿尿布替换台
9丨第三卫生间
10丨第三卫生间上方的顶板为开放式

题德多公园公共厕所

这八个公共厕所设置在题德多公园周边区域及公园内的战略位置，很容易被看见。它们的基本形式类似，柱基、上部构造、屏风和遮阳罩均是用木材和混凝土打造的，但外观却各不相同。对于设计师来说，这是一次不同寻常的工作，需要一定的创造性和娴熟的技能，才能使建筑与自然美景融为一体。除了修饰周围环境的理念外，设计师对待这一环境敏感的设计的态度也十分谨慎。

设计师的设计理念是打造一个顺应自然环境的建筑结构。设计师并不打算使用"柔软的"有机形式或是与周围树木相似的曲线，而是采用能够体现结构的，标出道路或终止通道的线条：总而言之是要占用空间。想要运用水平和垂直线条的正交结构的设计理念是基于一些形式上的考虑和材料的选择的。这种结构是一种施工和环境的优化方案。

项目地点 | 法国，里昂
建筑设计 | Jacky Suchail 建筑事务所
项目面积 | 45 平方米
摄影 | 弗兰克·弗勒里
委托方 | 里昂绿地署

1 | 柱基、上部构造、屏风和遮阳罩——设计理念是打造一个顺应自然环境的建筑结构
2 | 地基和框架是用混凝土打造的，表面装饰和屏风是用木材打造的

落叶松木板打造的屏风和悬臂结构使人联想起公园"长颈鹿之家"的建筑风格。虽然没有刻意模仿，但结构却十分相配，为空间格调增添了一抹趣味。在这一自然环境下，动力学效应强化了大型建筑的结构。人们会在漫步、奔跑、骑行和坐车等一系列活动中看到这些建筑结构。垂直板条更是强化了这种感觉，盈亏、光影相互作用，视觉效果随走路的方向而发生变化，但其变化节奏微小得难以察觉。屏风虽将各个体量掩饰起来，但仍能透过屏风看到周边的树木和植被。

厕所设计以对设计师有意义的象征意象为灵感：首先，石子和细枝体现了形式和材料之间的和谐、对立与兼容；其次，地基体现了一种根基感和水平形式，并最终定义了景观的特征和参照。这些小型建筑体现了轻与重、混凝土与木材的对比——地基和框架是用混凝土打造的，表面装饰和屏风是用木材打造的。项目涉及两个主要的水平面：地基和屋顶。两者之间的立式屏风勾勒出空间的轮廓。

31 | 结构规整的立式屏风将各个体量掩饰起来

场地平面图

从建构角度来看，建筑的使用材料具有互补性。混凝土是用模子浇筑的，木材则是在车间或场内装配的；表面装饰板条的布置方式并不规则；金属角板的边缘光滑、整齐。八个厕所具有共性，但定位和进出方式却各具特色。它们的布局方式相当简单：两个或四个隔间、两个小便池、一个自动饮水器和一个长凳。玫瑰园厕所内的装置为实验型旱厕；绿藤苑厕所提供了荫蔽的空间，人们可以在此短暂休息。绿藤苑厕所还设置了无障碍设施，设计符合人体工程学，隐私性极佳。所有公共厕所都没有视觉盲区，减少了不必要的危险。（翻译：潘潇潇）

4-5 | 垂直板条更是强化了这种运动感，盈与亏、光与影的相互作用，随走路的方向而发生变化

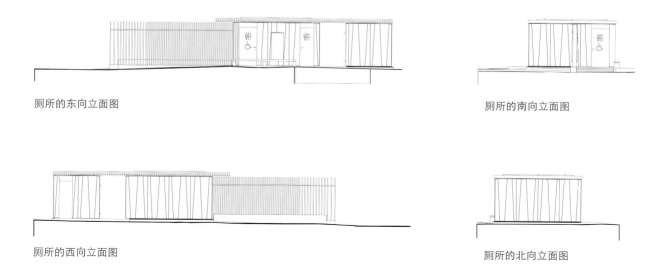

厕所的东向立面图

厕所的南向立面图

厕所的西向立面图

厌所的北向立面图

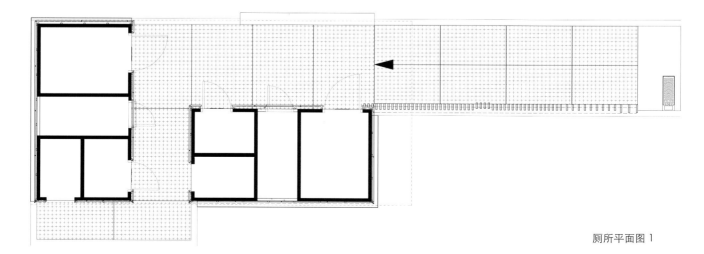

厕所平面图 1

6 | 行动不便的人士可以使用这里的无障碍厕所
7 | 厕所的内部设计整洁贴心

厕所平面图 2

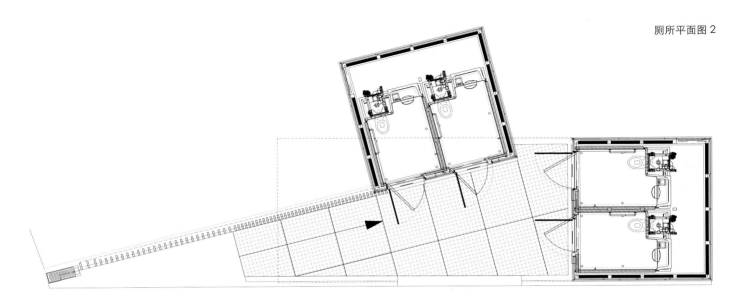

悉尼公园便利设施

　　改造后的悉尼公园是悉尼南部地区的宝贵财富。本项目设计师负责设计并建造新的凉亭设施以及设有婴儿尿布替换台的第三卫生间，以此为悉尼市的景观升级工程提供支持。

　　设计团队决定将设施修建在公园西侧新建的儿童游乐场旁边。从建筑角度上说，设计团队希望在这一占地 44 公顷的公园内打造一个标志性建筑，因而为建筑设计了大型浮动屋顶平面。这些屋顶使建筑从公园内其他较高的建筑中显露出来，并为下方的小型建筑提供遮蔽。

　　从构造角度上讲，设计团队打算将凉亭打造成简单的"矩形盒子"，将两个厕所设施打造成圆筒结构，以此建立各元素之间的对话，设计团队认为，钢结构屋顶的木制波状下表面似乎改变了公园的地势，制造了屋顶和下方建筑结构之间令人满意的张力。

项目地点丨澳大利亚，悉尼
建筑设计丨Stanic Harding 建筑事务所
项目面积丨33.8 平方米
摄影丨史蒂夫·巴克
委托方丨悉尼市议会

1丨厕所外观
2丨铝制表皮覆盖的售卖亭，其配重平衡百叶窗口是敞开的

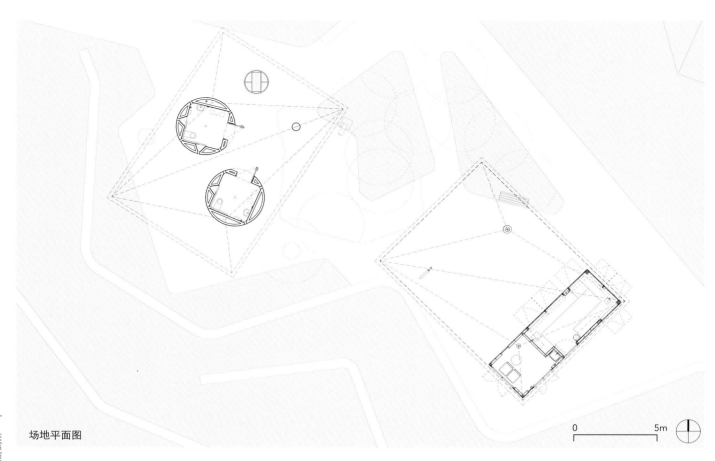

场地平面图

0   5m

    凉亭包覆有坚硬的不锈钢板，通过定制的百叶窗口面向公众开放。百叶窗的底面还嵌装有黑板，这样一来，便不需要专用的机械或气动支撑结构，从而避免了后续的替换成本。人们可以根据需要，打开或是关闭百叶窗。

    圆筒结构内是一个方形的平面布局，顶部开敞，两侧弧形角落安装有低碳钢槽，使室内和室外的景色互通。这一结构外镶中性色调的瓷砖，内覆色彩鲜艳的小块瓷砖。不锈钢条将圆筒结构固定在波状底板上，延展圆筒结构的同时，防止大型鸟类飞入。支撑屋顶的立柱隐匿于圆筒结构或是曲柄状双柱内，映衬出旁边儿童游乐场的嬉闹气氛。出于对静电释放防护、防止涂鸦行为和维护需要的考虑，选择适用于场地环境的材料的程序十分严谨。所有材料均具有使用周期长的特点。（翻译：潘潇潇）

3 | 公共用地环境视图，背景为被列入遗产名录的古老砖砌组合烟囱

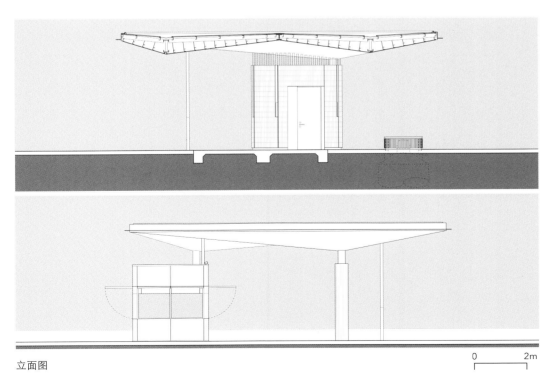

立面图

0   2m

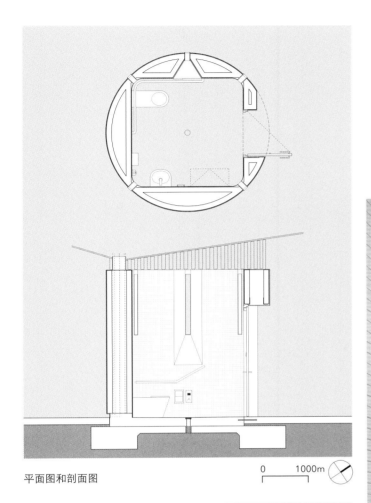

平面图和剖面图

0　　　1000m

1

中园海滩便利设施

　　该项目场地位于一片著名的海滩之上，建筑响应了场地环境的实用功能和诗意情怀的需求，强化了归属感和场地感。建筑结构保持平衡姿态，倾斜、拉伸，好似准备迎着海风展翅翱翔。

　　该项目体现了市议会在绿色发展方面做出的努力，并被视作公共建筑节能设计领域的范例。该建筑采用的一系列节能措施，包括厕所和水池用水源自雨水收集系统；照明设施所需的电能是由日间收集的太阳能转化而来的；耐用的材料可以满足低维护需要。

　　其屋顶轮廓线的起伏造型与过往车流展开对话。海湾地区的蜿蜒波浪形勾勒并强化了海湾天际线的轮廓。而建筑的轻盈感与动态感同狭长而低矮的青石墙形成了对比。

　　屋顶为公共设施提供遮蔽，同时将雨水导流至两端的水槽以收集雨水。现场浇筑的混凝土墙和水槽看上去好像被海风和海浪侵蚀过，表面饰以轻柔的线条纹理和海岸"碎屑"——贝壳、海星和漂浮于海面或冲到岸上的零碎杂物。

项目地点 ｜ 澳大利亚，菲利普港
建筑设计 ｜ Gregory Burgess 建筑事务所
景观设计 ｜ 澳派景观设计事务所
项目面积 ｜115 平方米
摄影 ｜ Gregory Burgess 建筑事务所
委托方 ｜ 菲利普港

1｜从面向菲利普港湾的道路望向厕所建筑
2｜入口、等候座椅和隐私屏风

悬浮于空中的屋顶结构是用结实、耐用的木材打造的。大量的自然光线透过圆形天窗进入空间内部，营造出戏剧性的光影效果。抗腐蚀的不锈钢色屋顶覆面加入了蓝灰两色交替的条纹，呼应着大海和天空的景象。

除了具有良好的遮挡和防风效果外，独立式建筑还有利于提高空间的流通性。项目场地被设计成由海湾相连的两个岬角。未来业主可以在东侧儿童游乐场地和野外烧烤区旁边搭建起另一个遮蔽结构，其在形式上与本项目的公共设施相似，而且有助于明确场地周边的范围。（翻译：潘潇潇）

3 | 从面向中园海滩便利设施的菲利普港口望向厕所建筑
4 | 水槽、预制混凝土墙板和座椅细部
5-6 | 屋面板细部

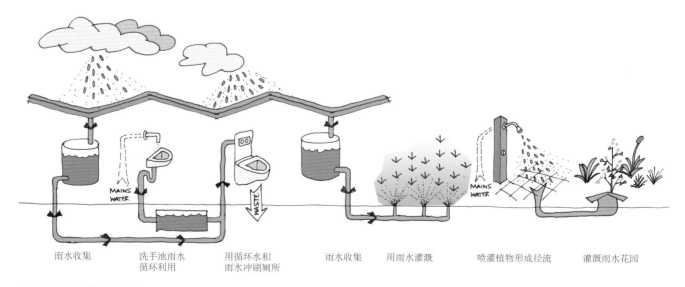

雨水收集　　洗手池雨水　　用循环水和　　雨水收集　　用雨水灌溉　　喷灌植物形成径流　　灌溉雨水花园
　　　　　　循环利用　　雨水冲刷厕所

雨水收集与再利用示意图

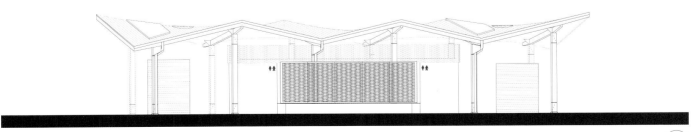

北向立面图

7

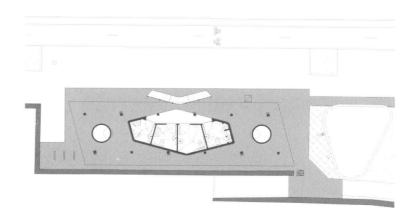

7 | 屏风和座椅
8 | 厕所内部细节设计

平面图

0　　　　5m

威廉尼尔森公园厕所

公园内的公共厕所应当是什么样的呢？对设计师来说，公园是一个不同于交通枢纽、城市街道或高速公路休息站的命题，而公园内的公共厕所应该是一个非密闭的通风空间，这一点与很多市中心的公共厕所没什么不同。该项目旨在建造一栋不完全封闭的非正式建筑，人们可以在这里欣赏到公园周围的景致。简单的矩形外墙，上方的屋顶悬于空中，外墙与屋顶之间的缝隙留有一个通透的屏障，空气和光线可以由此在室内外之间自由流动。

项目地点 | 新西兰，哈斯丁
建筑设计 | Citrus 工作室
项目面积 | 13 平方米
摄影 | Citrus 工作室
委托方 | 哈斯丁区议会

1 | 建筑造型反映了一种律动感与平衡感
2 | 公园内的厕所被打造成一种花园景观

72

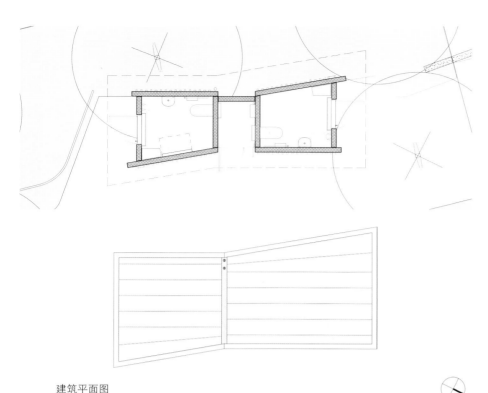

建筑平面图

项目场地原本是哈斯丁中央商务区边缘的一片平坦的城市街区，是周边商业、住宅及其他功能区中的一片绿洲。区议会决定在这片兼容并蓄的区域内修建一座充满生气的城市公园，并在公园内设置滑冰场、轮滑场、草坪和儿童游乐场。另外，设计团队还为这座公园修建了一个专用的公共厕所——它也是景观设计规划的一部分，公共厕所位于儿童游乐场旁边的公园一角。

公园内的小路展现出一种强烈的律动感，新厕所的造型设计正是以这一轮廓鲜明的几何形态和滑冰者的平衡感为灵感的。预制混凝土墙则更多地被视为独立的景观元素而非建筑墙体，并通过悬于上方的不对称蝴蝶造型屋顶得到加固。墙体表面用木制板条进行装饰，这些板条打破了人们想在空白画布上画上一笔的想法，并向墙壁与屋顶之间的空间延伸，在保证安全性的同时，允许空气和光线进入内部空间。

设计团队还为板条面板之间的墙壁上添加颜色，以增加结构的趣味感，并与旁边色彩缤纷的游乐场设施建立起联系。

建筑的功能虽然简单，但远远超出预期，外观看上去好似装饰雕塑，鼓励人们珍惜并保护它。（翻译：潘潇潇）

西向立面图

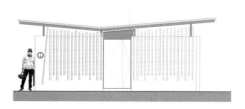

东向立面图

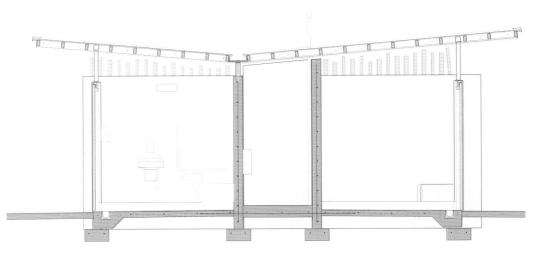

剖面图

1

兰德岛休息站

兰德岛公园位于纽约市东河，面积为 182 公顷的兰德岛上，由多个蜿蜒的开阔区域组成。休息站的设计是兰德岛重建计划的一部分。三栋建筑作为一个整体，需要满足关键性的设计功能要求。作为公园内唯一的服务设施，尽管项目场地呈现出碎片化的特点，但休息站的设计尽量为游客提供连贯的视觉线索。三栋建筑的建造因地点和功能而异，但在外观上是完全相同的，每栋建筑都配有公共厕所设施、服务台和机房。

这些休息站被设计成简约、大胆的标志性建筑。每栋建筑都是一个多边形，从上到下均采用色彩鲜艳的网纹金属包覆，从远处看，气势宏伟、引人注目。但走近后，人们可以发现墙板折叠后形成的门廊、外嵌板间的天窗以及百叶窗（百叶窗封闭时，窗户会和建筑一起隐藏起来）。建筑的造型是一个有斜切边的对称多边形，以便使建筑的前后看起来一样。

项目地点 | 美国，纽约
建筑设计 | Ricardo Zurita 建筑规划公司
项目面积 | 84 平方米
摄影 | 诺玛尔·麦格拉斯、Ricardo Zurita
建筑规划公司
委托方 | 兰德岛公园联盟、纽约市经济发展
公司、纽约市公园与娱乐管理局

1 | 下沉草甸视图
2 | 柔和的单色室内装潢设计

该项目还试图改变城市公园传统公共厕所的理念（传统公共厕所通常为小平房风格），以此反映当代公共基础设施的建造方式。降低纽约市公园传统公共厕所（用更为昂贵的砖墙、砖石装饰和金属屋面搭建而成）的建造成本引起了人们重新构想这种建筑形式的兴趣。设计团队以网纹金属为主要建筑材料，替代了上述昂贵材料，因为这种材料更为划算、现代、耐用，而且易于获得。

墙面的外层材料为金属，内层材料为砖石，这种形式的内墙易于清洁。屋顶用非现场焊接的金属管架搭建而成，这样既可以减少施工期，又可以保证紧密度容限。建筑外墙还安装了槽形（结构上的）玻璃，这种材料因其抗冲击性强且为半透明材质而被选用。

室内装潢采用了柔和的灰色，与大胆的室外设计形成有趣的对比。设计团队在室内部分选用了耐用且易于维护的材料，如光滑的装饰用混凝土砖石，陶瓷地砖，刷上油漆的金属屋面和不锈钢隔板、固定装置、家具以及配件。（翻译：潘潇潇）

公共厕所位置

选址策略

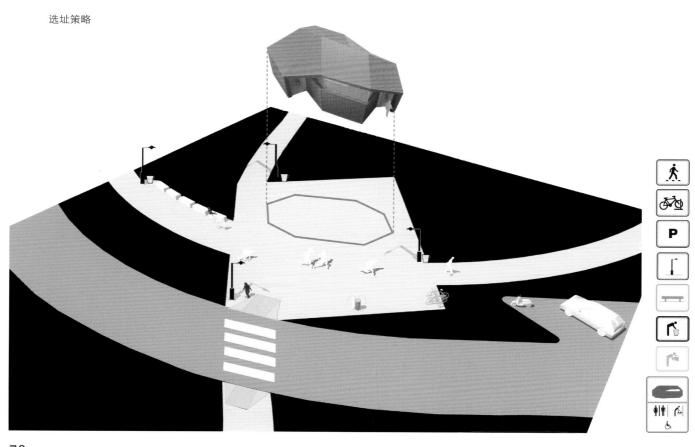

3 | 沃兹草甸西侧视图

4 | 沃兹草甸北侧视图
5-7 | 布朗克斯海岸场地视图

基本形态　　　　　　　　变形 1—光线　　　　　　变形 2—入口

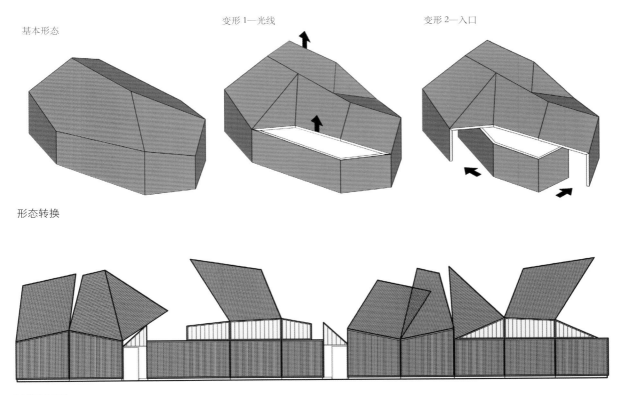

形态转换

展开立面图

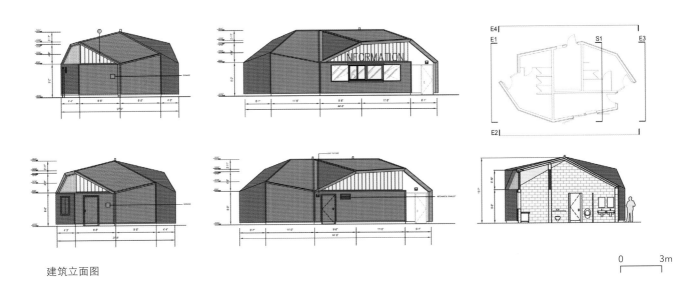

建筑立面图

0　　3m

8 | 不锈钢隔板和固定装置
9 | 天窗采用了槽形玻璃

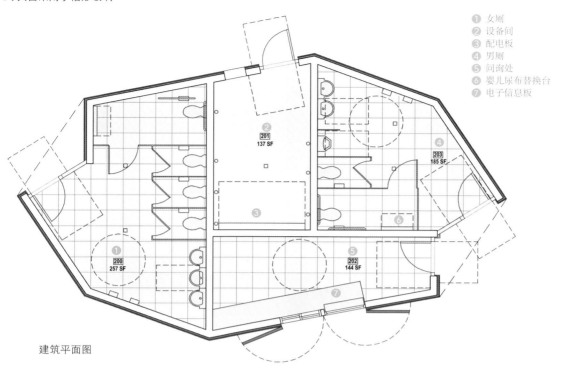

① 女厕
② 设备间
③ 配电板
④ 男厕
⑤ 问询处
⑥ 婴儿尿布替换台
⑦ 电子信息板

建筑平面图

8

旅游厕所

9

约翰逊夫人湖徒步和
自行车道公共厕所

约翰逊夫人湖徒步和自行车道位于奥斯汀市中心科罗拉多河沿岸，是一处线性景观公园。这里深受跑步者和骑行者的喜爱，也是市区居民和游客们享受自然乡村风光的好去处。这里的公共厕所是建园30年来的第一个公共建筑，由城湖步道基金会出资打造。城湖步道基金会是一个以社区为基础，有城市公园休闲部门参与的非盈利组织。

这处公共厕所被构思为公园里的雕塑，是步道旁边的一个有活力的设施。这一结构是用49块2厘米厚的垂直抗腐蚀耐候钢板打造的。这些钢板从30厘米宽、45厘米高到0.6厘米宽、4米高不等。它们沿着一定的方向有规律地排列、卷曲、变化，封闭成一个独立、交错的空间，而其间的空隙则巧妙地将光线和空气引入空间内部。公共厕所的门和屋顶也是用2厘米厚的钢板焊接而成的。其他细部元素还包括公共厕所橙色的字体和符号标志。

项目地点 | 美国，奥斯汀
建筑设计 | Miró Rivera 建筑事务所
项目面积 | 6.5 平方米
摄影 | 保罗·巴达基、保罗·芬克尔
委托方 | 城湖步道基金会

1 | 沿一端展开的钢板线圈造型构成了徒步和自行车道公共厕所的墙面
2 | 这处公共厕所位于深受大众喜爱的徒步和自行车道旁边

3 | 厕所外墙由高矮、宽窄不同的耐候钢板组成

① 自动饮水器
② 洗手区
③ 卫生间
④ 徒步和自行车道

场地平面图

这是一个无障碍公共厕所，外面设有自动饮水器和沐浴器，里面设有马桶、小便池、水槽和长凳。建筑的固定管道是用耐用的不锈钢打造的，无须过多维护，从而降低了约翰逊夫人湖公园的维护成本。厕所内部无须人工照明和机械通风，只在基本用水供给、偶尔的维修工作和日常清洁工作上有所开支。

厕所设计本身力求以其天然的配色和多变的高度融入周围环境。此外，厕所设计使用的材料，如局部风化的耐候钢和花岗岩碎石通道的灵感来源于"奥斯汀式"结构。（翻译：潘潇潇）

细部图

4

剖面图

4| 公共厕所的门是用 7.62 厘米 ~10.16 厘米厚的钢板焊接而成的
5| 橙色的字体和符号标志表明了第三卫生间的用途

89

6 | 耐候钢板不仅可以抵御自然风化,而且无须过多维护

7 | 管道装置是用耐用的不锈钢打造的,而且没有人工照明和机械通风的需求

1 自动饮水器
2 洗手区
3 卫生间
4 徒步和自行车道

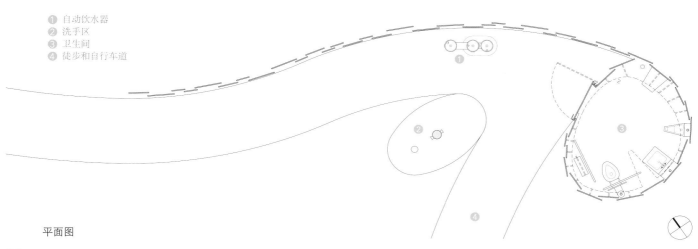

平面图

日本广岛公园公共厕所

这是广岛公园内的厕所项目，曾被设计大赛采用。它是一个独特的公共项目，这也是城市定期规划的一部分。

在该项目中，设计师首先考虑的是为这座城市增添何种设施。他意识到为大众服务的重要性，不仅仅是在公园内修建厕所那么简单，还会涉及整个城市的基础设施。

设计师为该项目设计了三种不同的方案，每种方案都包括东西两侧入口的设计。厕所采用的是框式钢筋混凝土结构，屋顶也是用混凝土打造的，

项目地点 | 日本，广岛
建筑设计 | 小川文象
项目面积 | A 型 15 平方米、B 型 11 平方米、C 型 8 平方米
摄影 | 矢野俊之
委托方 | 广岛市政府

1 | 公园内的各个厕所屋顶颜色各不相同
2 | 屋顶尖端指向北方

在进行过纤维增强复合材料防水处理后，为屋顶刷上氟石树脂涂层。而被涂上了不同颜色的厕所屋顶，却与旁边的游乐场地十分相配。

屋顶是倾斜的，北高南低，可以看到朝北的屋顶。光线从屋顶中央的天窗狭缝射入，投射出北侧空间内外的轮廓线条。东西两侧墙壁上的丙烯塑胶照明窗口和圆形通风孔以及南侧墙壁上的丙烯塑胶照明窗口均嵌在墙壁内，它们管控着内部空间的环境。另外，外墙表面喷涂有光催化涂料，不易附着灰尘。

至 2012 年 3 月，设计团队完成了公园内 22 个厕所的施工。自那以后，广岛市每年都会修建 5 个左右这种设计的厕所设施。这些箭头造型的公共厕所遍布广岛市的各个区域。（翻译：潘潇潇）

3 | 为人造城市景观着色
4 | C 型卫生间

日精西村公园（A 型）

野洲东村公园（C 型）

濑户内公园（A 型）

加部公园（B 型）

吉岛公园（B 型）

场地平面图

B 型西向立面图

C 型东向立面图

B 型北向立面图

C 型北向立面图

B 型南向立面图

C 型南向立面图

95

A 型西向立面图

A 型北向立面图   A 型南向立面图

① 多功能卫生间
② 小便池
③ 盥洗室
④ 日式厕所间

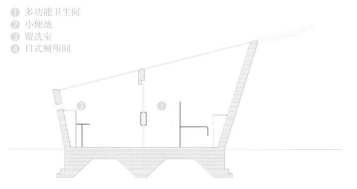

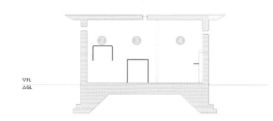

▽FL
△GL

A 型南北剖面图 A   A 型东西剖面图 B

5

6

96

5 | A 型卫生间
6-7 | 被漆成不同颜色的卫生间看上去很像公园内的游乐设施
8 | 无障碍设计

① 多功能卫生间
② 斜坡
③ 小便池
④ 盥洗室
⑤ 日式厕所间
⑥ 屋檐线

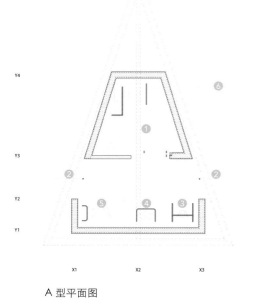

A 型平面图

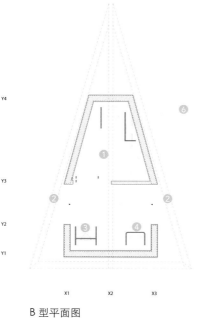

B 型平面图

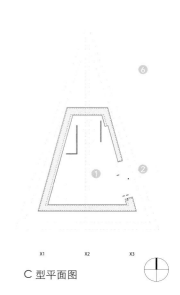

C 型平面图

旅游厕所

98

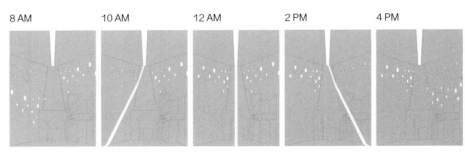

8 AM 10 AM 12 AM 2 PM 4 PM

光线示意图

弗利休闲公园便利设施

该公园位于布里奇路和格利贝路的交叉处。悉尼市一直在对该公园及其设施进行升级改造。原建筑位于公园西南角，破败不堪、缺乏监管、缺少设施。设计师决定将新建筑设置在场地西北侧——公园原有的入口处，安装最好的被动监控设施，使新设施位于公园的外围，并强化现有的入口次序。

项目的设计要求包括：建设独立的男女厕所隔间、设有婴儿尿布替换台的第三卫生间和洗手烘干设施。因此，流畅规整的矩形建筑更合乎设计主旨。悉尼市关于公园建筑的要求是完善公园设施，并使其尽可能地与景观融为一体。从设计概念上来讲，设计团队与他们在城市项目中的合作伙伴倾向于用砖石砌筑的厕所，但是，设计的不断修正在一定程度上改变了这一理念。设计团队最终采用了不同的墙体和屋顶元素，辅以低碳钢框架。

项目地点 | 澳大利亚，新南威尔士州
建筑设计 | Stanic Harding 建筑事务所
项目面积 | 29 平方米
摄影 | 理查德·格洛韦尔
委托方 | 悉尼市议会

1 | 便利设施位于公园一角
2 | 便利设施采用了流畅规整的矩形结构
3 | 建于混凝土地基上方的钢制结构、木制结构和砖石结构

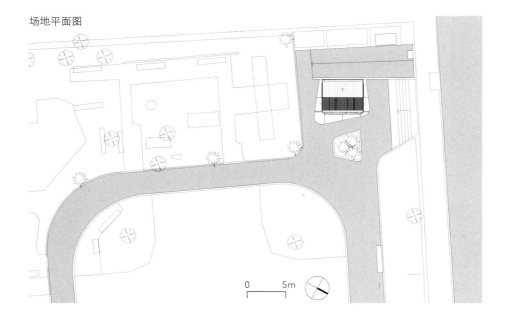

0   5m

该框架设置在新形状的混凝土基座上方50毫米处，使整体框架可以悬于地面上方，并勾勒出阴影线。这一举措不但很有创意，而且有助于改善通风和维护问题。

考虑到要在这个框架内设置不同的填充墙元素，设计团队为建筑设计了两种覆面，坡道一侧为坚实的砖石覆面，公园一侧为展开的木制遮挡结构。建筑结构围绕开放的流通区域展开，流通区域在视觉上与公园相连。流通区域还设置了一个公用的不锈钢水槽，设计师将其固定在木制长凳上。木质长凳为使用者提供了一处可以欣赏风景和休息的地方。用低碳钢框包裹的木屏风是用铁皮木打造的，耐用且美观。螺纹杆隐藏在错列的不锈钢垫片中，将两个横杆连接起来，横杆表面用锌板包覆，以增加保护。屏风是为安置攀缘植物而设计的，收卷好后还可以成为流通空间上方的透水屋顶。

厕所间被设置在砖石覆面的一侧。自主通风的聚碳酸酯屋顶系统是厕所间设计的一大亮点——将自然光线引入建筑内部。顶部和底部边框之间的低碳钢槽立柱嵌于砌筑墙体内，在坡道一侧为每个厕所间增加了通风，并将落水管隐藏起来。专门定制的不锈钢滑道上的滑动门被视为公园一侧屏风设施的一部分，每到晚上，这里会被锁上，以此将建筑保护起来。

砖石结构耐用且坚固，与场地周围的砖石建筑相互呼应。设计师用50毫米的低断面薄型砖补充建筑体量的规模，采用对缝砌筑的方式将它们铺砌在一起，以此突出建筑的线条。

4 │ 木制座椅上方的定制不锈钢洗手池
5 │ 木制遮板墙和上方的屋顶

设计团队不仅希望打造一座能衬托公园环境的朴素的渗透建筑，还希望借助有力的建筑线条强化入口坡道的秩序。屏风一侧栽满的植物也进一步强调了这栋小型建筑的双重属性。（翻译：潘潇潇）

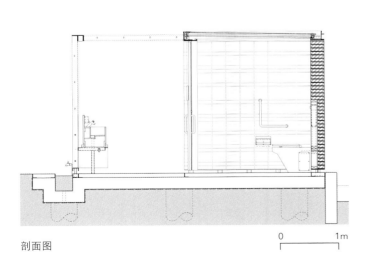

剖面图

0　　　1m

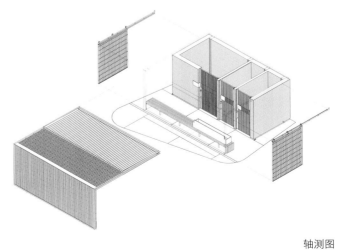

轴测图

① 第三卫生间
② 男士流动卫生间
③ 女士流动卫生间
④ 公共洗手池

建筑平面图

0   2m

6| 引导标志和厕位小门细部
7| 自然光透过透明的聚碳酸酯屋顶照亮厕所空间

镜像公园公共厕所

北悉尼市议会提出对悉尼中立弯区巴里街和奇尔巷交叉处现有公园内的公共设施进行改造和扩建。这座公园位于一片繁忙的商业开发区内，靠近巴里街停车场。设计团队保留了通往公园的现有楼梯和公园小径以及厕所的现有布局。

该项目所面临的挑战是在一座小型城市公园内增设公共厕所。在原有场地内增加新的设施，往往会减少可用空间的面积。在这种情况下，必须确保公园内有空间可用。设计团队没有将新设施设置在公园的中心位置，而是将它们融入公园周边的环境。他们设法让新厕所与现有的挡土墙融为一体，尽可能地减轻自然环境所受到的视觉冲击，同时将旁边的停车场遮蔽起来。

为了使建筑彻底融入场地环境，设计团队为建筑立面裹上了高度抛光的不锈钢板。这种巧妙的设计产生了神奇的镜像效果。而弯折的不锈钢会呈现出扭曲的映像，使镜像效果更加抽象、有趣。新建筑的绿色屋顶为公园增添了视觉延展效果，将人们的注意力集中在自然环境而非建筑环境上。

项目地点 | 澳大利亚、悉尼
建筑设计 | Lacoste + Stevenson 建筑事务所
项目面积 | 230 平方米
摄影 | 迈克尔·尼科尔森
委托方 | 北悉尼市议会

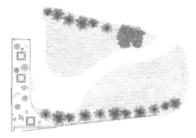

场地平面图

1 | 从巴里街望向厕所设施
2 | 入口细部

　　鉴于公园场地的面积有限，设计团队在不影响设施使用的前提下，尽可能地减少人造环境的占地面积。他们将设有婴儿尿布替换台的男女流动厕所设置在一个角落内，将第三卫生间设在旁边，整套设施的占地面积仅28平方米。

　　自然光线可以透过大扇的圆形天窗射入建筑内部。通过建筑立面与地面间的空隙可以实现自然通风。（翻译：潘潇潇）

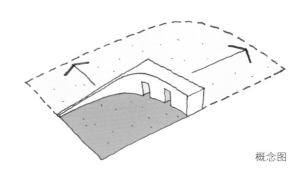

概念图

3 | 用高度抛光不锈钢板打造的反射立面增添了
公园的视觉延展效果
4-5 | 入口细部

6

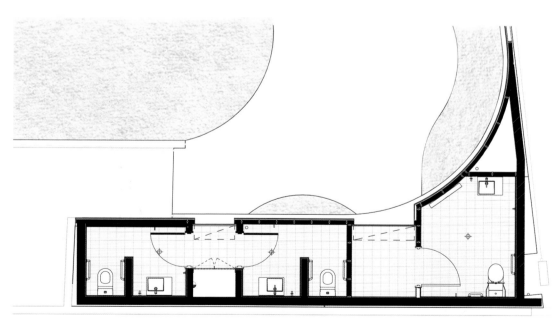

平面图

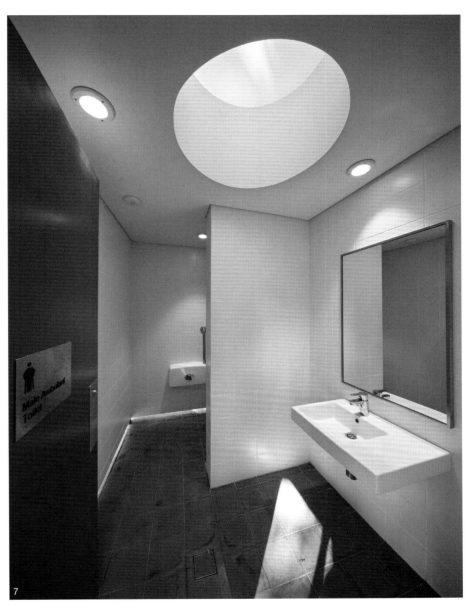

6 | 内外视图
7 | 自然光线透过大扇的圆形天窗射入建筑内部
8 | 无障碍厕所

新帕里斯公园公共厕所

悉尼国家公园和野生动物服务局正在寻找一种全新的设计，可以设计出无须过多维护但却更加有趣、安全的公共设施。

该项目需要一种简单而有吸引力的设计，使其可以适应各种不同的公园场地。为此，设计团队决定运用"预制模块"方法应对上述需求。建筑组件是预先设计好的，尺寸规格便于运输。建筑是在场地外设计并制造，然后在现场组装的，而不是在现场直接用原材料建造起来的。这一特点非常有价值，因为有些项目可能位于一些非常偏远的地区或者难以进入的场地。这种方式不仅可以将设施灵活地应用到各类场地中，还考虑到了拆卸和再利用的问题。

设计团队用耐用的低维护材料为人们打造了光线充足、通风良好的公共厕所。人们在如厕的同时，还能欣赏到周围的自然美景。项目施工所用的材料非常简单——龙门钢架风化混凝土和支撑上方半透明薄板屋顶的预风化钢板。为了确保安全性，设计团队在这里摆放了木屏风，建立了建筑公共区域内外的视觉联系。在用屏风围护起来的空间内，几个厕所隔间巧妙地排列着，设计团队可以根据场地情况调整它们的方向和布局。但是，

项目地点 | 澳大利亚，悉尼
建筑设计 | Lacoste + Stevenson 建筑事务所
项目面积 | 70 平方米
摄影 | Lacoste + Stevenson 建筑事务所
委托方 | 国家公园和野生动物服务局

1 | 博特尼湾国家公园内的公共设施
2 | 邦迪那公园内的公共设施

淋浴设施和厕所后身一般要面向营地，这样才能保证私密性。建筑外立面使用了木屏风和预风化钢板，使其很好地融入周围的自然环境。钢制厕所隔断的设计用到了鲜艳的色彩：淋浴隔断为蓝色，厕所隔断为绿色。

虽然设计要求使用防破坏的固定装置，但设计团队还是为建筑安装了不那么规制化的水池和水龙头。这背后的设计考虑是通过使设施变得人性化来减少恶意破坏的行为。（翻译：潘潇潇）

3

3 | 厕位后方是露营场地（新南威尔士邦尼谷）
4 | 新南威尔士邦迪那公园内的厕所
5 | 洗手池面向公园景观而设（新南威尔士邦尼谷）

女厕平面图

6 I 洗手区可以看到国家公园
7 I 充足的自然光和通风
8-9 I 厕位内部被漆成不同的颜色
10 I 无障碍厕所

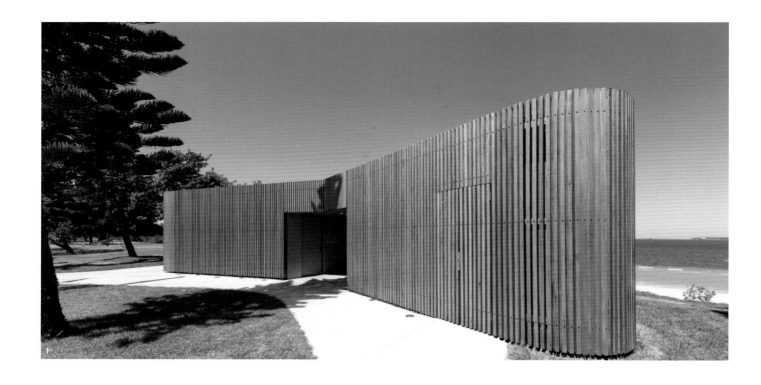

库克公园公共设施

该项目构成了罗克代尔市议会关于悉尼库克公园海滨地区振兴计划的一部分。该项目计划修建三个设施：建造两栋新建筑并对一栋建于 20 世纪 60 年代的简陋建筑进行改建。

市议会想沿着海滨步道打造一系列间歇相连的公共设施。他们的核心目标是从根本上升级这片地区的基础设施，提供安全的社区建筑，并赋予该地区独特的视觉特征。

设计团队认为，这是一次改变公共厕所刻板形象的机会——先前的公共厕所毫无吸引力、气味难闻、安全性也较差。

他们设计了一系列简洁、结实的建筑，以应对特殊的场地限制情况——从街道处可以看到这些建筑，它们与公共通道相连，直接通往远处的海滩。每栋建筑的设计理念均是围绕中央"共享"入口通道展开的，厕所设施便设置于通道两侧。这处中央空间无论是在视觉上还是在实质上均具有一定的通透性。建筑表面贴覆了一层木板条，进一步提高了开放程度和视觉连通性。

项目地点 | 澳大利亚、悉尼
建筑设计 | Fox Johnston 建筑事务所
项目面积 | 210 平方米
摄影 | 布雷特·博德曼
委托方 | 罗克代尔市议会

1 | 罗克代尔滨海步道沿线新建的公共设施
2 | 棱面石墙外设有户外淋洗区

118

石墙外立面覆有一层木板，实现了充足的光线照射和空气的自然流通，并且保证了空间的私密性。白天，日光将透过玻璃窗和天窗照射进来。每栋建筑都配有大型水箱——这片地区容易发生干旱，而这些水箱可以为这里的设施全年补给水源。

在第一栋建筑中，设计团队保留了现有的弧形墙体，并将新的储藏室和水箱移接到后面。两个第三卫生间分别位于中央入口和休息区内。独立式木屏风在建筑一侧圈出一片开放式淋浴区。第二栋建筑内也设有第三卫生间，并在两侧设有员工厨房、储藏室和水箱。北侧的混凝土墙处也设置了一片公共淋浴区。第三栋建筑内设有第三卫生间和男女厕所设施。这些设施具有一定的透光性，便于日间的监管。

设计团队根据材料的耐用性、抗破坏性及结构组件来选择材料，最终选用了混凝土砌块、混凝土地面和屋顶、玻璃砖及可循环使用的烘干硬木。色彩鲜艳的墙体和天花板色彩使中央入口空间变得更加显眼，有助于人们区分每一栋建筑并在整体上实现视觉风格的统一。

3 | 石墙外立面覆有一层木板
4 | 木板外立面实现了充足的光线照射和空气的自然流通，而且保证了空间的私密性

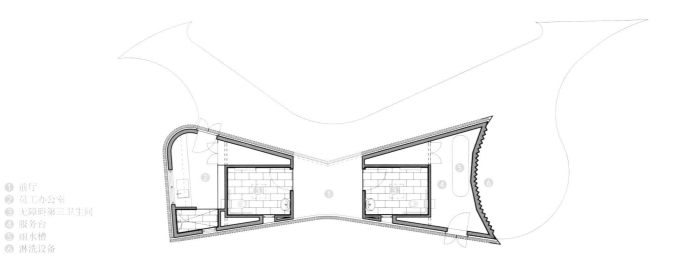

① 前厅
② 员工办公室
③ 无障碍第三卫生间
④ 服务台
⑤ 雨水槽
⑥ 淋洗设备

布鲁斯街上的公共设施

0   5m

这些建筑物深受时常去海滨公园休闲漫步的市民的欢迎。重要的是，它们也符合市议会的核心目标——振兴海滨地区，使海滨步道的设施变得更加连贯、富有韵律。（翻译：潘潇潇）

5 | 每栋建筑的外墙都被漆上了不同的颜色
6 | 建筑施工选用了耐涂鸦材料

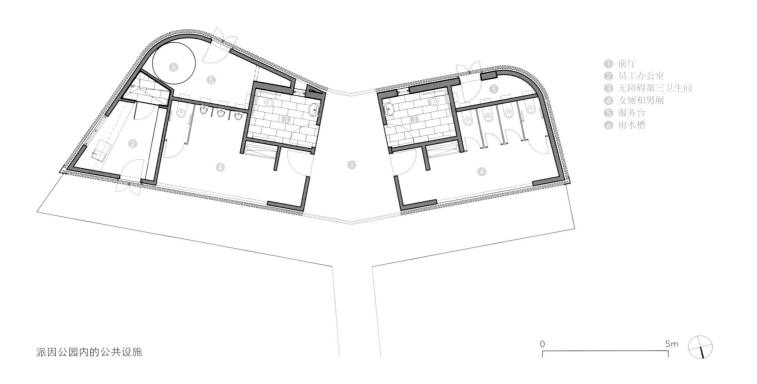

① 前厅
② 员工办公室
③ 无障碍第三卫生间
④ 女厕和男厕
⑤ 服务台
⑥ 雨水槽

派因公园内的公共设施

0 ———— 5m

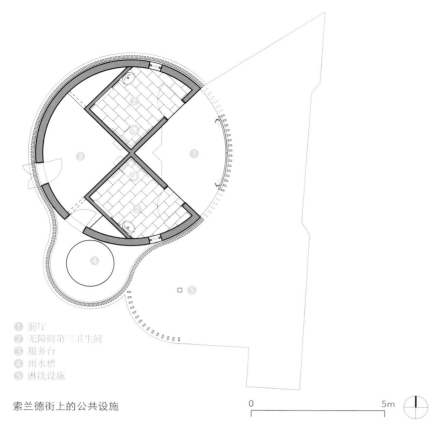

① 前厅
② 无障碍第三卫生间
③ 服务台
④ 雨水槽
⑤ 淋洗设施

索兰德街上的公共设施

0 ⤙⤙⤙⤙⤙ 5m

8

7 公共设施成为海滩步道不可或缺的一部分
8 户外淋洗设施为人们提供淋浴服务
9 弧形有机造型

山之厕所

昆嵛山国家森林公园正在进行一系列的设施升级。保护区管委会计划设计一座示范性公共厕所，作为设施升级的启动项目。设计伊始，委托方并没想好厕所的具体位置，因此设计团队也并没有立即着手设计，而是展开了对场地的研究。昆嵛山森林公园是一座方圆百里、峰峦绵延的野生动、植物基因库，自然保护区内山高坡陡、沟壑纵横，新设施的建设必须遵循低影响开发（LID）的原则，同时，设施的设计要顺应复杂的地势而轻巧地藏置于自然保护区之中。了解到今后厕所将建设在地形复杂的山地上，设计团队构建了一个单体模块系统，它能够灵活地根据不同地形自由组合，以便推广至整个自然保护区。这一想法得到了管委会的支持。基于这一体系，委托方与设计团队一同"相地"，选择了现有高山植物园的一处高差变化较大的土台地作为厕所基址。

在英语中，厕所被称作 restroom，即休息处，这虽然属于委婉的表达，但也侧面表达了如厕是件惬意的事情。因此，设计团队希望把休息处设计成一个与自然对话的景观化休息驿站，特别是在这样一个环境敏感的区域内，更需要考虑周边的自然环境。

项目地点 | 中国、烟台市
建筑设计 | Lab D+H 事务所
项目面积 | 250 平方米
摄影 | 唐曦、于丛刚
委托 | 昆嵛山国家级自然保护区管理委员会

1 | 坡屋顶视图
2 | 厕所安然地坐落在高山植物园的角落里

场地平面图

通过单体模块的组合，一个顺应地形变化的庭院诞生了。庭院花园被一条起伏的围廊环绕，为普通的如厕体验赋予了诗意的感受。在视野最佳处设置的景观平台，为等候的家庭成员提供了休息与观景场所。

起伏的庭院由两个部分组成：休憩空间和功能空间，通过一条环状连廊串联而成。休憩空间由几组连续的模块单体转换过渡而成，形成亭子与露台，作等候与赏景之用。功能空间将厕所功能分为男厕、女厕、家庭用厕三类，环绕于庭院。中庭边缘设有两处洗手处，每处有两块折叠的耐候钢板，一高一低分别给成人与儿童使用，用过的水从钢板缝隙中流入砾石过滤池，水过多时从无边界钢板顶部溢流而出并回渗地下。

沿对角线起坡的单体，经过适应性地组合后，呈现出具有几何美感的屋脊线，形成了与昆嵛山嶙峋的山脊线的对话。厕所的表面采用了小枝与磨砂玻璃，在保证隐私的同时又能产生有趣的光影效果。

从场地选择、设计策略、材料选择到施工方法，设计团队均采用了创新型低影响设计方法，并将单体模块的组合办法推广、应用至整个保护区。该团队目前正在与委托方合力打造另外两个场地的厕所项目，这两个项目的地形状况不同，但施工方法也是以该项目的模块组合办法为基础。

3 | 入口亭阁
4 | 露天内院

128

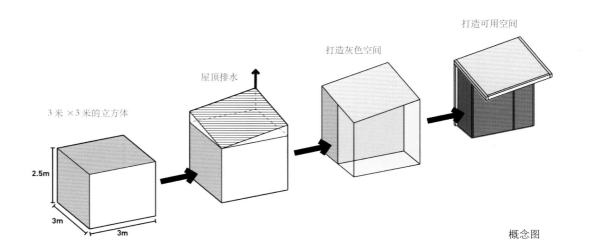

3 米 ×3 米的立方体

2.5m
3m
3m

屋顶排水

打造灰色空间

打造可用空间

概念图

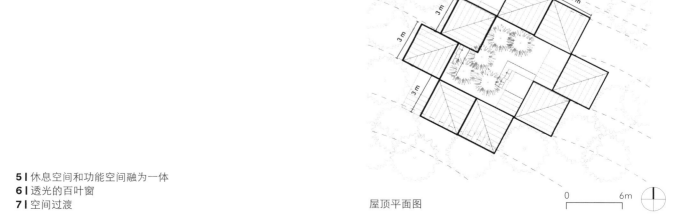

5 | 休息空间和功能空间融为一体
6 | 透光的百叶窗
7 | 空间过渡

屋顶平面图

0　　6m

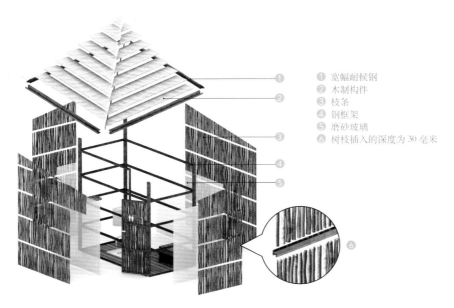

① 宽幅耐候钢
② 木制构件
③ 枝条
④ 钢框架
⑤ 磨砂玻璃
⑥ 树枝插入的深度为 30 毫米

单体厕所单元的结构示意图

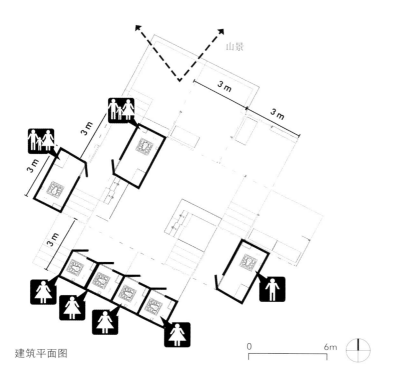

建筑平面图

山景

3 m

3 m

3 m

3 m

3 m

0   6m

8

9

8 | 磨砂玻璃在引入光线的同时还可以保护隐私
9 | 细枝磨砂玻璃的混合效果

133

红木森林公园游客中心厕所

红木森林公园获得过两次环保绿旗奖，每年都会吸引成千上万的国内外游客到此游玩。本项目的设计纲要可以概括为"六个公厕"和"环境敏感设计"。设计师对项目场地的调研结果显示，由于小树苗恣意生长，改变了原有的规整的林线，使该场地处于一种无规划的状态，公共厕所的布局设计也因此不得不遵循这种随意性。设计师的另一个考量是从停车场出入口看过来的视线情况——另一栋建筑会进一步遮挡树林方向的视线。

设计师给出的设计解决方案是建造一批单体厕所，使它们分散在现有建筑和红木森林之间，并借由蜿蜒曲折的加高木板路相连。设计师将单体厕所设计成一个圆柱体建筑，并提出在耐候钢外墙的设计上引入故事性和本土艺术元素。为此，该项目组还举办了一场设计比赛，目的是选出耐候

项目地点 | 新西兰，北岛
建筑设计 | DCA 建筑事务所
项目面积 | 10 平方米
摄影 | 格雷姆·穆里
委托方 | 罗托鲁瓦湖委员会

1 | 厕所设计富于艺术美感，很好地融入了周围的自然美景

2 | 厕所周围满是巨大的红木

钢的激光切割艺术设计。毛利艺术家克里玛·塔佩在上述设计比赛中胜出。他的设计将传统的毛利装饰图案和新西兰当地的鸟类以及一些已经灭绝或濒临灭绝的动植物意象融合在一起。艺术作品的隐含信息提醒人们环境和动植物是十分脆弱的，以及这个项目可能会给当地的鸟类带来影响。

尽管建筑的外观设计致力于与周围景观和谐相融，其内部设计却意在营造一个类似"塔迪斯"（英国科幻电视剧《神秘博士》中的时间机器和宇宙飞船）的充满活力的环境，使内外部环境形成一种强烈的对比。该项目不仅希望实现良好的功能性，更希望创造出充满惊喜的如厕体验。每个厕所建筑均采用装配式结构铝制框架和阀板屋顶配以色彩鲜艳的压缩层板。高级穿孔铝板为厕所内部提供自然采光，而且实现了内部的通风换气，还能解决树林中的蚊虫问题。在树林昏暗的环境中，围板与厕所之间的照明凸显了围板上的艺术图案，同时也起到了指路的作用。

红木森林公园游客中心公共厕所的设计富于艺术感，很好地融入了周围的自然美景。厕所建筑并没有喧宾夺主，反倒成了有着自己风格的建筑结构。（翻译：潘潇潇）

轴测图

3 | 厕所布置和朝向可以保护使用者的隐私

3

游客中心

空间

连接

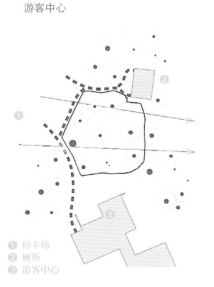

① 停车场
② 厕所
③ 游客中心

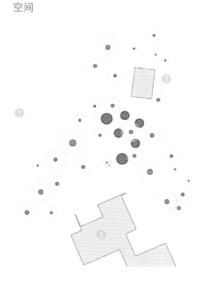

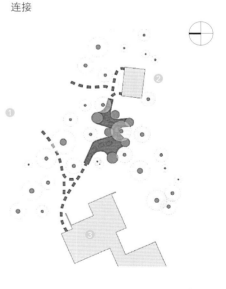

设计师对项目场地的调查研究具有一定的随机性，原因在于红木林幼苗长出了原有的树丛带

独立式厕位位于建造区域内，布置看似随意、实则经过深思熟虑，使介于红木林根团之间的厕所格间的布局也变得随意起来

新厕位和红木林之间有一条蜿蜒曲折的加高木板路，并将现有建筑与游客中心联系起来

137

4

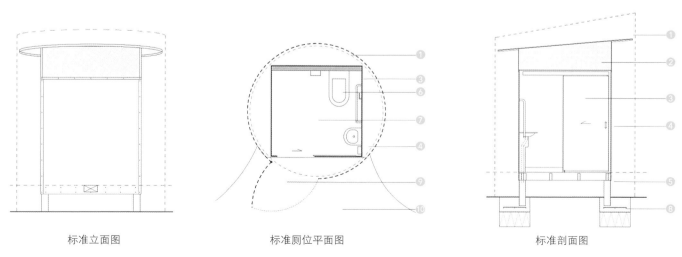

标准立面图 标准厕位平面图 标准剖面图

138

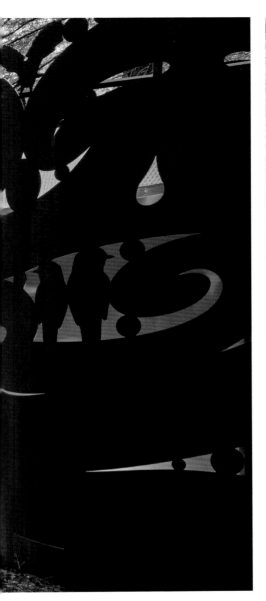

4 | 树荫下，围板与厕位之间的照明设备更是渲染了艺术色彩
5 | 色彩鲜艳的内饰与和谐的外观形成对比

1

怀唐伊公共厕所

　　该项目的设计宗旨是打造一个与外界连通的明亮、通风的新公共设施，并希望其能带来愉悦的使用感受。木材在整栋建筑的建造中扮演着重要的角色。最终的设计成果是令人联想到当地传统建筑的一个丛林小屋。

　　建筑采用柱梁结构来支撑巨大的人字形屋顶，屋顶下方的外墙一半为玻璃墙，另一半墙面是用水泥砖砌筑的——与地板的铺砌方式相同，外表覆有松木板。

　　屋脊旁边有一扇天窗，自然光线透过这里射入建筑内部。玻璃隔断旁边摆放了一个立式原木屏风，看上去很像原木栅栏，不仅可以遮挡光线和视线，还可以将从屋顶落下的雨水引向别处。建筑两端各设有一个这样的屏风。玻璃墙采用的是毛玻璃板，有效地解决了隐私保护的问题，但在合适的区域安装了透明玻璃，建立与周围景观的联系。

项目地点｜新西兰、怀唐伊
建筑设计｜HB 建筑事务所
项目面积｜90 平方米
摄影｜西蒙·德维特
委托方｜怀唐伊国家信托中心

1｜前侧入口
2｜原木屏风

140

雨水从屋顶流向地面解决了落叶阻塞水沟的问题。 这样的设计也为建筑打造了一个精致的屋檐。与场地内的其他建筑相比，厕所采用大果柏山花板以水平分层的铺装形式，突出屋顶的水平流动性质。

木材饰面自然老化后，金色的木材开始变成灰白色，与周围的灌木，特别是麦卢卡树的颜色相近。夜幕下灯光亮起时，木材饰面会反射出和白天一样的光芒。

大果柏的气味以及木材自然的纹理使人感到亲切，木材饰面反射出的温暖光芒为旅客带来难忘的体验，而这种体验是其他材料难以营造出来的。
（翻译：潘潇潇）

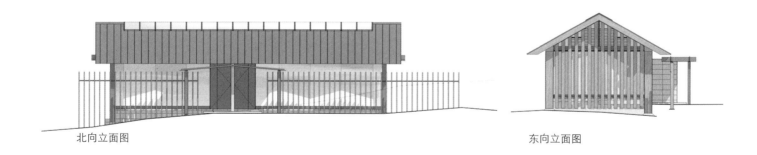

北向立面图   东向立面图

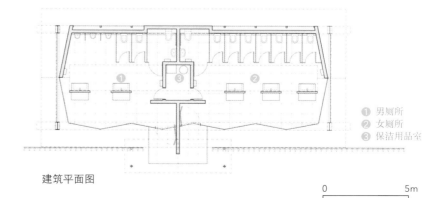

西向立面图   建筑平面图

① 男厕所
② 女厕所
③ 保洁用品室

0   5m

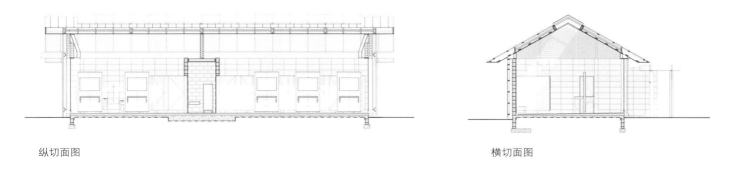

纵切面图   横切面图

4 | 入口玻璃内视图
5 | 女厕入口
6 | 男厕内视图

6

伊势町公共厕所

这是位于群马县中之条町的一个公共厕所翻新改造项目。项目场地位于中之条町中心，一座古寺停车场的一角。委托方希望改造后的卫生间不仅能够成为艺术节"中之条町双年展"的一个标志符号，还可以为人们提供有别于日本阴暗、潮湿的传统公厕的干净、舒适的新型公共厕所。

考虑到公共厕所的维护问题，设计团队没有使用木材增加空间舒适度，并且将所有角落都设计成了圆形。他们认为传统四方厕所的角落给人阴暗、沉闷的感受，而且还会滋生蚊虫和细菌。

设计团队决定处理掉阴暗的角落，从空间顶部引入自然光线，照亮空间内墙，为人们提供一个清新、舒适的厕所。

项目地点 | 日本，吾妻郡
建筑设计 | Kubo Tsushima 建筑事务所
项目面积 | 13.68 平方米
摄影 | 藤井浩二
委托方 | 中之条町镇政府

1 | 停车场方向公共厕所全景图
2 | 男厕入口

2

厕所空间分成两个部分，分设男女厕所。两个空间均为半圆形，面向不同的方向并排而设，呈"S"形。　"S"形墙面一方面给男女厕所之间制造了足够的距离，另一方面也接纳了来自街道和停车场两个方向的人流，还可以为从街道进入停车场的人流和车流提供引导。尽管这个公共厕所只有大约 13 平方米，却综合考虑了附近的人流和车流情况、室内舒适度以及城镇的符号意义等因素。

为了使厕所空间变得更加明亮，设计团队决定用波纹金属板打造公共厕所的内墙和外墙，并将波纹金属板漆成白色，将简单的木制框架隐藏起来。洗手池上方还设置了圆形天窗，使自然光线可照射进各个空间。（翻译：潘潇潇）

3 | 公共厕所东侧视图
4 | 街道景象
5 | 女厕入口

3

148

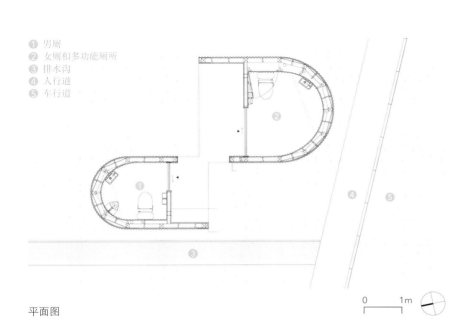

① 男厕
② 女厕和多功能厕所
③ 排水沟
④ 人行道
⑤ 车行道

平面图

0   1m

6 | 男厕入口
7 | 男厕内视图
8 | 女厕内视图

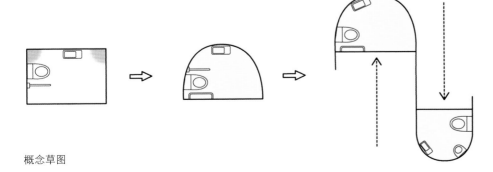

概念草图

柏林亚历山大广场公共厕所

委托方希望对柏林亚历山大广场的公共厕所进行现代化改造。设计旨在营造一种明亮、干净的环境，解决使用者普遍关注的地下厕所设施问题，避免使用不当的情况，并且使残疾人也可以使用这些新设施。设计公司根据 1920 年的原有布局，首先对广场进行设计，在环绕中央雕像的楼梯处设置了开口。

设计团队根据新的使用结构拆除并重建入口结构。方形布局的结构由四个边柱支撑起屋顶平台。边柱之间的墙壁巧妙地安装了大片玻璃板。无框玻璃板使视野变得清晰、开阔，同时构成入口门翼和新电梯的围护结构。玻璃维护结构和玻璃信息展示台上还设有功能标志。

入口结构的覆面采用了深色的天然石材，这种石材的色彩和质地参照了亚历山大广场最新设计的表面覆盖材料。电梯维护结构的罩面是用半透明玻璃打造的。

项目地点 | 德国，柏林
建筑设计 | 柏林 IONDESIGN 有限公司
项目面积 | 126 平方米
摄影 | 托拜厄斯·维勒
委托方 | Wall AG 公司

1 | 广场的新入口是以 1920 年的厕所平面布局图为基础打造的
2 | 新框架看起来明亮、干净

设计团队将破旧的楼梯喷涂成黑色，在竖向立面安装瓷砖。带有抽象图案的装饰以不锈钢材料为外框。由柏林摄影师托比亚斯·维勒拍摄的照片遍布建筑各处。地下室前厅内为方便使用轮椅和儿童推车而设计的无障碍通道是用垂直电梯改造的——这里过去曾是一条仅供女性使用的楼梯通道；另一条楼梯通道如今不受性别限制，通往圆形中央空间。人们可以从电梯门厅进入中央空间，设计团队另辟蹊径，将这里的厕所设计成星形结构。

室内设计以用金银丝装饰的不锈钢轨道上的循环插画为亮点。地面铺设了无烟煤色的炻质砖，并以透明玻璃镶嵌砖为外框，以此突出墙壁下方的区域。为服务人员设置的接待台则位于中央，从中央区域可以进入到公共厕所。楼梯和直梯都为具有婴儿换尿布台的残疾人厕所提供方便。残疾人厕所旁边就是女厕所。开阔的前厅后面，手盆分设于两侧，里面是有六个厕位的厕所。

男厕所结构与女厕所类似，厕所前部设有手盆。转至栅门后面，厕所蹲位分设于两侧。厕所后面是半圆形小便区，内设八个小便池，其中有一个是专门为儿童设计的。另一半区域采用了防护墙结构，可以一览柏林风景。厕所以纯白色的玻璃墙和镜面为特点，并以饰有金银丝细工的钢架为框。

设计团队根据当前的需要，对通风和排烟系统进行了更新。为了确保安全性，空间内部还安装了视频监控和火灾报警系统。中央圆形房间的最后一扇门打开，可以通往更衣室、服务人员休息室及库房。根据设计方案，项目施工还用到了下列材料：黑色网纹瓷砖地板、不规则的透明玻璃镶嵌砖、有不锈钢框架的白色半透明的或不透明的玻璃板、白色的天花板面，以及包覆中央台面和手盆的白色、光亮的蜜胺树脂板。

整个厕所的造型以"柏林大都会"为设计主题。新创建的空间结构以清晰的比例和传统的明暗对比为亮点。图片墙的主题以一种抽象的形式描绘了夜幕下的柏林景象。该项目的设计与亚历山大广场的都市环境息息相关。（翻译：潘潇潇）

3 | 聚光灯照亮了楼梯空间，看上去很像演出活动的楼梯

4 | 镜面营造了一种空间无限大的错觉，增加了空间的深度

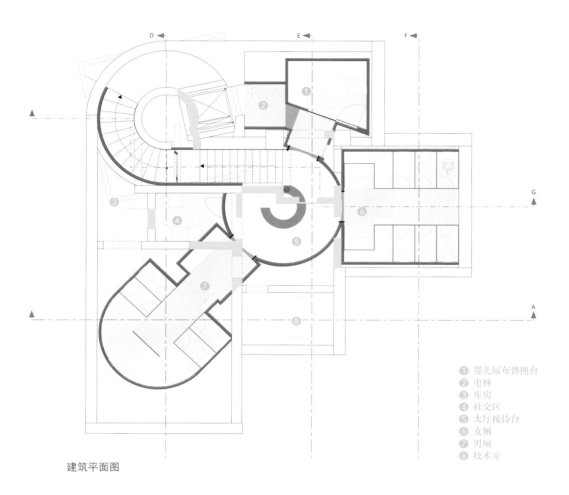

建筑平面图

1 婴儿尿布替换台
2 电梯
3 库房
4 社交区
5 大厅接待台
6 女厕
7 男厕
8 技术室

5 I 所有房间均围绕中央圆形空间而设
6 I 厕所以纯白色的玻璃墙、镜面和光滑的钢框架为特色
7 I 男厕室内视图

1

望江驿 No.1

"望江驿 No.1"是上海浦江两岸贯通工程东岸陆家嘴北滨江段的一处服务驿站，为市民提供休憩空间和公共卫生间。驿站位于由临江的跑步道和内侧的骑行道所限定的狭长的堤状滨江绿地内，由一处现存的地下车库楼梯间出入口扩建而成。场地高于城市道路两米以上，且北面临江侧比南侧略高，周围经年成形乔木甚多，如同一片小树林。

为了平衡一个月的极短工期与对完成品质、空间体验的最大诉求之间的矛盾，并且兼顾施工场地局促以及控制车库顶板上的结构重量等问题，设计师采用了以胶合木结构为主的钢木混合体系来快速建造，工厂预制化率较高，现场基本为对环境影响很小的干作业施工。

由于所在场地背靠陆家嘴连绵的摩天楼群，隔江与老外滩及北外滩对望，是上海市中心的一处关键性公共空间，这一微小的驿站让设计师有机会来探讨超越驿站自身尺度的建筑与风景的关系。设计师希望驿站在以平易近人的氛围服务市民的同时，更能够强化场地自身的特性，从而让建筑有机会成为风景的放大器。

项目地点 | 中国、上海市
建筑设计 | 周蔚 + 张斌 / 致正建筑工作室
合作设计 | 上海思卡福建筑工程有限公司
项目面积 | 130 平方米
摄影 | 吴清山
委托方 | 上海陆家嘴集团有限公司

1 | 南立面，一条廊道贯穿南北
2 | 北立面，建筑成为风景的放大器

"望江驿"这一命名正凸显了驿站的双重诉求。驿站分为东西两个部分：东侧是相对封闭的公共卫生间，西侧是和车库楼梯间结合在一起的"L"形休息室，面向外滩的北、西两侧都是落地玻璃和休息平台，北侧的望江平台靠着驿站外墙的长凳可供市民小坐。这两部分之间是一条穿越建筑贯通南北的有顶通廊，连接南侧较低处的骑行道和北侧较高处的望江平台。驿站方正的平面轮廓和相对复杂的半螺旋仿铜铝镁锰板屋面结构形成了鲜明的对比。

从临江侧看，驿站像是一个微微架空在场地上的出檐深远、屋顶轻盈起翘的大凉亭。整个北侧的反坡屋檐下呈伞状的放射形布置的木檩条成为视觉焦点。檩条汇聚处自然形成一个三角形的天窗，一半在休息室内，一半在通廊上，将幽暗的屋顶深处照亮，强化了空间的进深感。

从南侧骑行道看，驿站的屋顶被分为高低不同，但都向内倾斜的东西两半，特别在正中的西段楼梯间角部的屋顶被压到接近视平线的最低点，而且屋顶仿铜铜板延续到了西段的南侧立面上。这种特意压低的尺度和屋顶与立面的连续性加强了背江面的进入感，将人由居中的通廊引向江景。

人们由骑行道穿过狭小低矮的通廊拾级而上，屋顶仿佛配合身体的运动渐次升高，原来通廊尽端外的密集树冠在视野中缓缓上升，冲破北侧高大宽敞的屋檐。

站在望江平台上豁然开朗，视线向下，透过底部的树干，江面在粼粼波光中水平展开，与江边散步或奔跑的人影共同构成流动的风景。身后两侧廊下的长凳会吸引人们安坐下来，悠闲地观赏江景。此时人们只能看见闪烁的江面，对岸的城市隐在树丛之后，有一种宁静之感。当然，当人们走下平台，顺着树丛中的汀步蜿蜒下行，就是跑步道和亲水平台，在那里，浦江两岸壮丽的城市天际线一览无余。

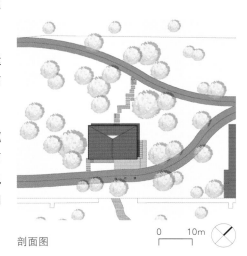

剖面图

0   10m

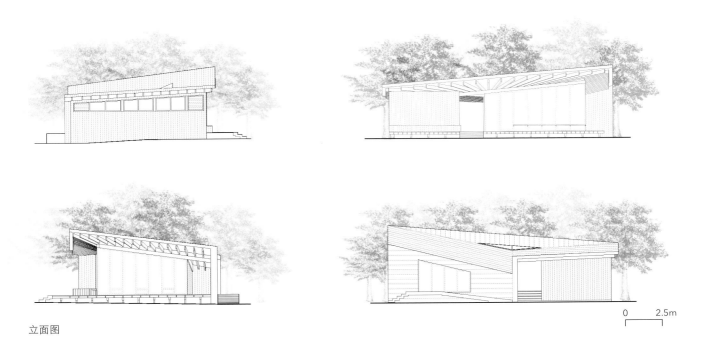

立面图

4

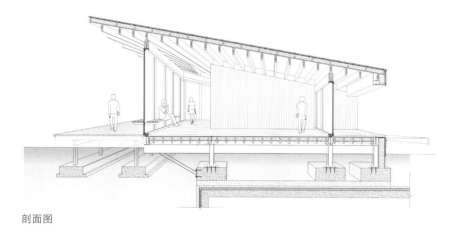

剖面图

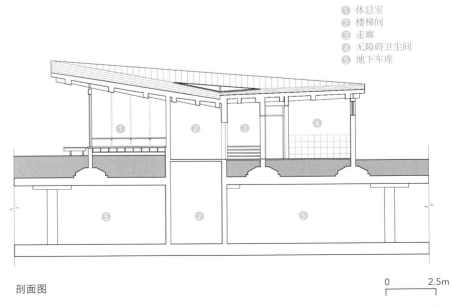

① 休息室
② 楼梯间
③ 走廊
④ 无障碍卫生间
⑤ 地下车库

剖面图

0　　　2.5m

城市厕所

9

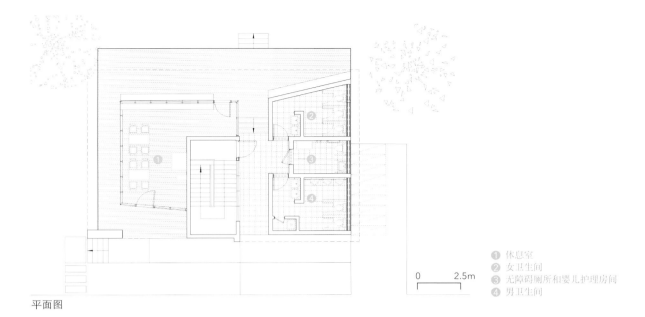

平面图

① 休息室
② 女卫生间
③ 无障碍厕所和婴儿护理房间
④ 男卫生间

10

11

167

南京紫东国际创意园
景观公厕

项目位于南京紫东国际创意园内，地处园区景观走廊东端的绿地上，为园区内的公共厕所，并设有一些休息设施，建筑面积约 335 平方米。场地内现存一片杉树林，地形为林中洼地。建筑以长条形布局，呈廊桥的形态，连接小广场和树林另一侧的漫步道，并在跨越漫步道处设置了一处观景台，可鸟瞰坡下古城墙遗址公园的风貌。

圂，古代对厕所的通俗称谓，为关门清除污秽之意，体现古人造字极尽隐讳之能事。项目结合树林洼地的特点，将厕所塑造成一座廊桥，也是顺应古人遮蔽之意。围绕基本的厕所功能，外围设有三个休息区，开敞的廊桥休息区朝向杉树林设置，使用者可面朝林下空间静坐冥思。眺望休息区在廊桥尽端，呈阶梯状，可供人观望坡下古城墙遗址公园。树梢休息区利用第三卫生间的平屋顶建造而成，供人拾阶而上来到屋顶，与树叶近距离接触。建筑的外墙主要使用胶合竹板、清水混凝土板、镜面不锈钢板三

项目地点 | 中国，南京市
建筑设计 | 东南大学建筑设计研究院有限公司建筑技术与艺术（ATA）工作室
项目面积 | 335 平方米
摄影 | 钟宁
客户 | 南京钟山创意产业发展有限公司

1 | 跨越林间旱溪的廊桥
2 | 带有斜窗的镜墙

种材料，风格极简又不失温润。其中大面积的蜂窝结构镜面不锈钢板，反射着林间的光线，不断变化，使得整个建筑在树林中仿佛消失一般，只剩下悬浮的桥身。跨越在树林旱溪间的这栋建筑，让人在如厕之余，能闲坐、能登高、能赏景。

建筑结构创造性地采用钢竹结构。此结构类型采用胶合竹构件加钢节点的形式，其特点是工业化程度高，施工过程污染小，材料生态环保，建筑精细化程度高。

公厕按照一类标准设计，设置男女独立厕所、第三卫生间、管理间、工具间。男卫洁具数 9 个，女卫洁具数 14 个，大致符合男女比 2:3 的比例。其中第三卫生间中，将残疾人卫生间、儿童卫生间和母婴室进行相对独立的区分，尽可能地考虑了隐私。男女卫生间内另外设置老年人厕位，每个厕位内均设置应急呼叫按钮。另外，项目中的管理用房内安装了空调，以供环卫工人值班、休息之用。

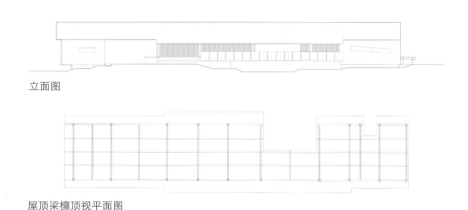

立面图

屋顶梁檩顶视平面图

3

❶ 铝镁锰金属屋面
❷ 胶合竹望板
❸ 胶合竹椽子
❹ 胶合竹结构体系
❺ 围护墙体
❻ 毛石基座

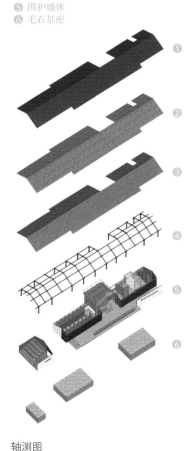

轴测图

3｜架空的"丛林"
4｜被包裹在镜盒之中的台阶观景台
5｜屋顶下的游步道空间
6｜由开敞向封闭过渡的廊下空间

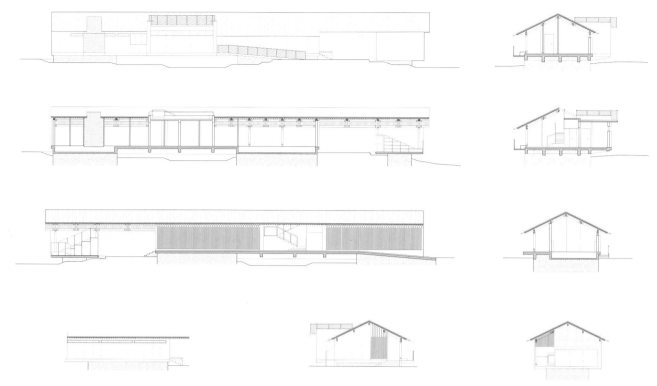

剖面图与立面图

7 | 廊桥中段的台阶通往第三卫生间的屋顶平台
8 | 台阶观景台内景
9 | 廊下休息区面对的 "林溪长卷"
10 | 通往管理间的坡道 A

11丨如戏剧帷幕的女厕空间
12丨男厕内"山"形的背景墙
13丨男厕区 1
14丨女厕盥洗区

15

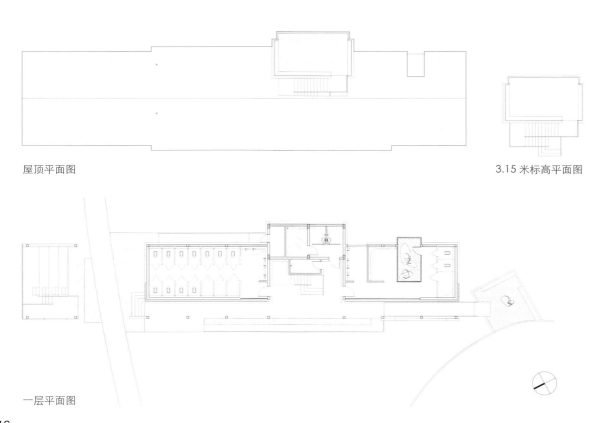

屋顶平面图

3.15 米标高平面图

一层平面图

凉亭和公共厕所

埃卡提佩有一座贯穿整个街区的线性公园，公园内有一条新修的自行车道。当设计团队接受委托，设计为自行车道服务的洗手间和遮阴设施时，他们看到了一个在迫切需要高质量公共基础设施的地区以非常低的成本打造公共空间的机会。为此，设计团队提出了修建三组洗手间模块和 13 对凉亭设施，旨在创建一个民主、平等的城市结构。

设计团队提议将洗手间和凉亭打造成透视结构的亭阁结构，营造植物成长所需的微气候，在自行车道沿线恶劣的气候条件下，创造一片小型绿洲。每组洗手间的亭阁结构中都交叉设置了四组双模块结构，每组模块都有一个开放的空间，上方配以玻璃圆屋顶，人们走进建筑内却好像走到了户外。

这些凉亭沿自行车道间歇性分布。凉亭墙壁呈"十"字，长凳和桌子嵌入砌块墙内，充分利用横架留下的空白。每个凉亭内都有一个中央天井，一棵巨大的棕榈树从天井伸向天际。洗手间和凉亭的建造均用到了混凝土砌块和漆成白色的钢板墙。

项目地点 | 墨西哥，墨西哥城
建筑设计 | LANZA 工作室
项目面积 | 200 平方米
摄影 | 卡米拉·科西奥
委托方 | Casa de Proyectos 公司

1 | 分布在自行车道沿线的洗手间亭阁结构
2 | 洗手池场景图

178

3 | 竹子被用在洗手间模块内，以此在视觉上将男女洗手间分隔开来
4 | 洗手间外部的道路

　　景观美化工程栽植了 100 棵新树。将林荫大道和自行车道分隔开的围栏长满了攀缘植物，在机动车、骑行者、慢跑者和行人之间创造出绿色的分界线。棕榈树大多位于小型中央庭院的凉亭内，楹树则被整齐地栽种在隔栏内，而竹子仅被用在洗手间模块内，以此在视觉上将男女洗手间分隔开来。共用的洗手池位于所有使用者均可使用的中央空间。

　　设计团队的目的是探索室内外空间的渐进层次和用极为简单的初始化程序应对各种不可预见的情况。（翻译：潘潇潇）

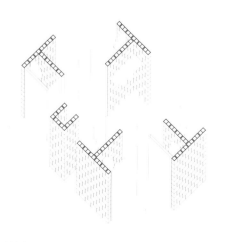

轴测图

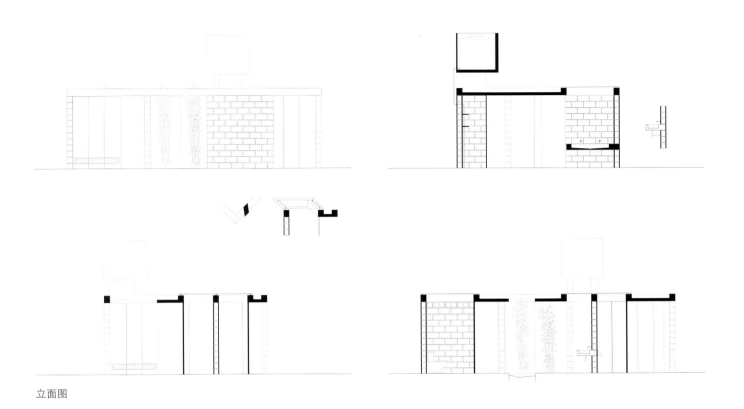

立面图

5-6 | 洗手间庭院内外并没有明确的空间界限
7 | 透过竹子望向洗手间内部
8 | 一组亭阁结构的全视图
9 | 洗手间的混凝土屋面板

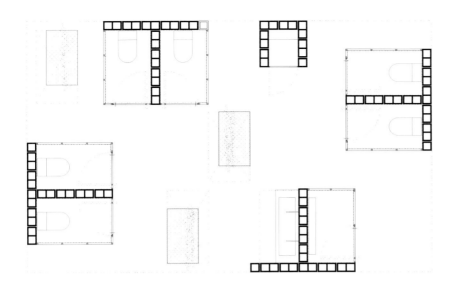

洗手间平面图

1

澴河环厕

这两个公厕项目位于湖北省孝昌县澴河边，其所在地花园镇为了举办龙舟节大赛，要对场地现有周边环境进行改造提升，包括新建广场、栈道、公厕、码头平台等。

场地原来有一个农村常见的简易旱厕，卫生状况令人堪忧。设计师在构思初期，将保留现场密集、高大的多年生松树作为核心，根据实测的场地树木布置位置，设计了两个半径大小不同的环形建筑，巧妙地绕开了所有的松树。这贴合项目设计师一直坚持的"建筑和景观一体化"的实践理念。在这个项目中，建筑与植物的相互交融，使得建筑仿佛本身就存在于场地很多年；而建筑成为松树的容器一般的载体，松树林将建筑包围，这是以景观师的思维模式在思考建筑设计——建筑如同植物放大的容器，将植物等自然要素放在建筑等人工要素前面的位置。

项目地址 | 中国、孝昌县
设计公司 | 瑞拓设计
项目面积 | 198 平方米
摄影 | 李涛、李梦琳、申剑侠（航拍部分）
客户 | 孝昌县花园镇人民政府

1 | 位于松树林内的环厕，保留了场地的每一棵松树
2 | 清水砖砌筑的环形建筑

模型图

公厕建筑是圆形布局，男女两个公厕分列于入口广场两边，女厕稍小，男厕稍大。松树林遮天蔽日，在顶部形成了建筑的第二层"大屋顶"，这导致松树下的所有活动，室外和室内的界限变得模糊。环形建筑内院这种感觉尤其强烈，环形的清水混凝土顶带给人的是屋檐的感觉，而松树带给人第二层自然屋顶的感觉。圆形内院把人的视线引上天空，因为有了圆形的画框，松树这种再普通不过的树木，似乎变成了一幅生动的画。这使建筑除了功能使用，还带给人美好的感觉。选择环形建筑内院的原因，也是考虑到公厕的通风实际功能，尽可能地增加开口面积，实现自然通风换气。

建筑材料内墙、外墙都选择了清水红砖墙，这个也是考虑到当地施工队的工艺水平，保证项目建成有一定容错性。事实证明，这个选择是对的，在赶工期阶段，内墙就不需要贴瓷砖，地面也用小青砖围绕环形做弧度铺设，它耐脏、吸水，也符合郊野公厕的粗放式卫生管理的实际需求。所有的混凝土浇筑后，只刷了清漆处理。

男女厕的外墙上的标志，用红砖砌筑突出墙面的"凸凹"两字，算是设计师开的一个小小的玩笑，但其实也是结合砖本身的材质砌筑特性而做的方案。红砖的砌筑特性还体现在留孔的花格式砌法，容易创造出多变的光影，结合圆形洞口的光影使得这个环形厕所在一天的阳光变化下，投影也在不断发生变化，带来戏剧般的空间效果。在清水红砖墙的立面，穿插砌筑了玻璃砖，这个玻璃砖在夜景的时候使得公厕变得具有标示性，赋予一般的日常公共建筑以浪漫格调。

31 茂密松林中男女厕所分置两侧

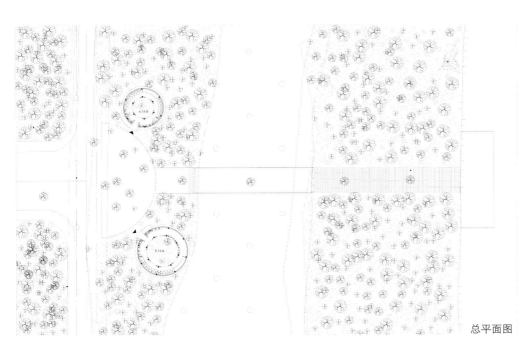

总平面图

① 内院
② 女厕
③ 工具间

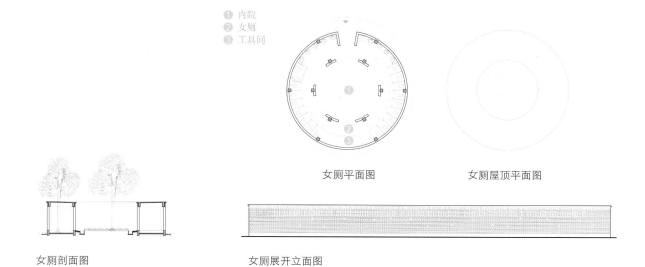

女厕平面图　　　　　　女厕屋顶平面图

女厕剖面图　　　　女厕展开立面图

4 I 女厕标志
5 I 内院
6 I 入口

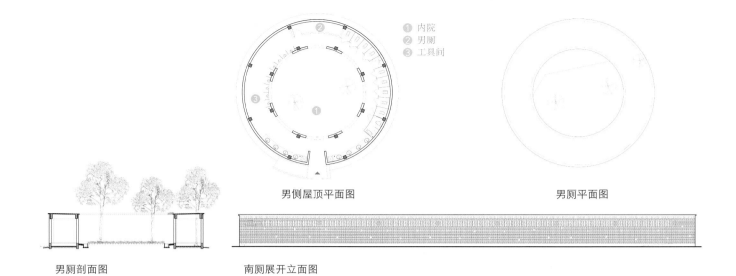

① 内院
② 男厕
③ 工具间

男侧屋顶平面图

男厕平面图

男厕剖面图

南厕展开立面图

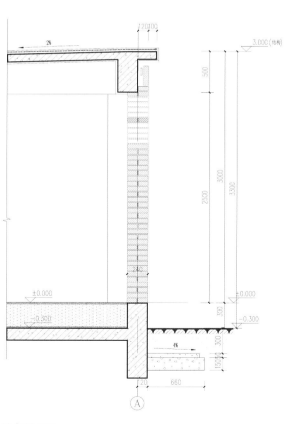

墙身剖面图

7 | 男厕标志
8 | 经圆形内院"裁剪"过的天空，树木强调了
这种竖向尺度
9 | 圆形内院

1

陕西佳县枣林旱厕

项目位于陕西佳县古枣园村落（泥河沟村），该村落被联合国粮农组织认定为全球重要农业文化遗产地。旱厕具有几乎不耗水的好处，且能将粪尿作为农肥再利用，是传统农耕体系粪肥灌溉系统的重要一环。但与此同时，缺乏科学设计与管理介入的传统旱厕难以避免地普遍存在卫生问题，给人以"脏、乱、差"的固化印象。

设计致力于以低成本的操作改善古枣园村落旱厕的卫生条件，并使旱厕能够融入枣林的自然环境与当地居民的社会生活中。为此，设计团队与清华大学可持续与生态研究中心对国内外最前沿的旱厕卫生技术进行了深入探讨，前期试图采用粪尿分离和 EM 菌粉土技术，通过微生物好氧发酵，降解粪便，除臭、除蝇、除蛆，减少致病菌滋生。其好处在于，操作方便，

项目地点 | 中国，榆林市
建筑设计 | 北京原本营造建筑规划设计有限公司
项目面积 | 24 平方米、14 平方米
摄影 | 唐勇、林艺苹、杨秉鑫
委托方 | 佳县泥河沟村村委会

1 | 封闭式旱厕入口
2 | 封闭式旱厕面向枣林的景色
3 | 封闭式旱厕面向路边的景色

造价低，粪便降解后亦可作为肥料使用。加之与建筑相关的构造处理，可总结为四点：1.自然采光通风（自循环）；2.机械拔风（辅助）；3.生物吸附（除臭除蝇）；4.器型设计（钥匙孔型蹲坑改良）。

设计尝试建构一种最小化的单元改造模式，以蹲坑尺寸为基准，利用石头、树枝、柳条等当地物料，在保证视线私密的前提下，最大限度降低墙的高度，以减小厕所体量，并生发出一种自由平面，来应对村落建设场地的不定、土地所有权的复杂，以及古枣林扭曲参差的树权等问题。在场

4｜敞开式旱厕主入口图
5｜敞开式旱厕的背面

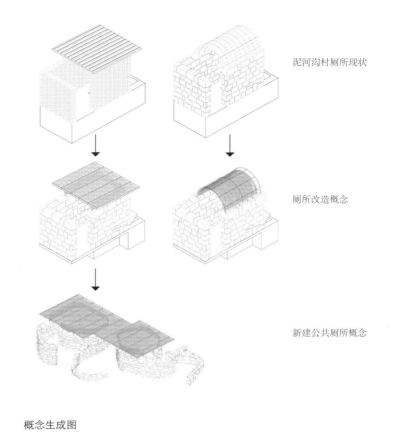

泥河沟村厕所现状

厕所改造概念

新建公共厕所概念

概念生成图

5.

地选择上，旱厕与古枣林中最重要的两处历史要素——枣园碑与古戏台——发生关联，通过对原有的简陋旱厕改造、重建，让旱厕、古枣林、遗迹同当地村民的日常聚集达成一种差异性的自在共存，并在深入了解当地传统做法的村民需求的基础上与村民共建，使得旱厕能够同村民和自然共同生长。

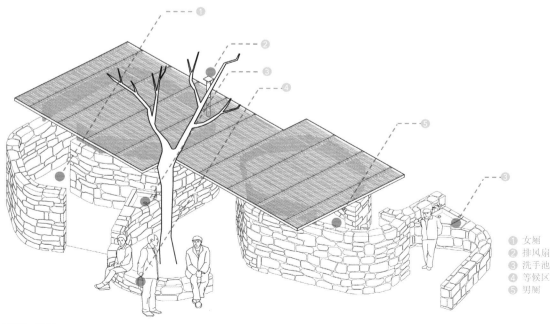

① 女厕
② 排风扇
③ 洗手池
④ 等候区
⑤ 男厕

旱厕轴测图

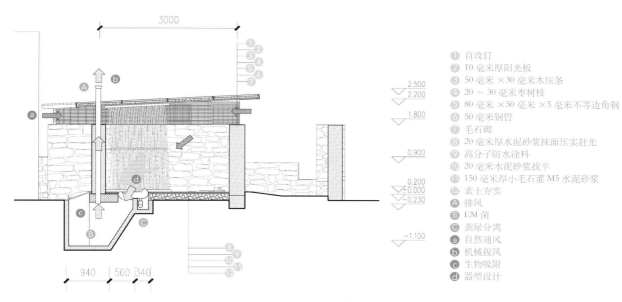

① 自攻钉
② 10 毫米厚阳光板
③ 50 毫米 ×30 毫米木压条
④ 20 ～ 30 毫米枣树枝
⑤ 80 毫米 ×50 毫米 ×5 毫米不等边角钢
⑥ 50 毫米钢管
⑦ 毛石砌
⑧ 20 毫米厚水泥砂浆抹面压实赶光
⑨ 高分子防水涂料
⑩ 20 毫米水泥砂浆找平
⑪ 150 毫米厚小毛石灌 M5 水泥砂浆
⑫ 素土夯实
Ⓐ 排风
Ⓑ EM 菌
Ⓒ 粪尿分离
ⓐ 自然通风
ⓑ 机械拔风
ⓒ 生物吸附
ⓓ 器型设计

旱厕剖面图

1

零能源厕所

　　该项目位于印度旁遮普的格尔申格尔，是旁遮普地区偏远山村学校内的一个公共厕所建筑。这处公共厕所过去是供学生使用的。设计团队希望找到一个解决方案，应对公共厕所普遍存在的问题——昏暗、肮脏、有臭味。

　　在维多利亚和爱德华时代，公共厕所是公民引以为傲的设施。英国的公共厕所是当时世界上最好的厕所。地方当局甚至还相互竞争，希望打造展现卫生工程和建筑最新发展的美观设施。该项目旨在恢复这一传统，再次将公共厕所定位为城市重建发展的重要元素，最终改善人们的生活。此外，为学生提供安全、舒适的卫生设施也是十分必要的。公共厕所应当清新、干净，而人们对于洁净度的感受首先是通过气味获得的。设计团队打算修建一个人们愿意走进的厕所，因此，厕所未使用的时候也要保持开放状态

项目地点 | 印度，格尔申格尔
建筑设计 | Ardete 工作室
项目面积 | 237 平方米
摄影 | Purnesh Dev Nikhanj
委托方 | Harpreet Kaur Bains 公司

1 | 公共厕所整体外观
2 | 公共厕所入口

和良好通风。这样便存在着一个极大的矛盾。由于项目场地位于偏远山村，无法实现持续的电力供给，厕所也因此无法全天投入使用。最后，设计团队决定设计一个没有独立电力需求的厕所。这是一个令人吃惊的新想法，但是安全、方便、有效。最后，项目以现在的形式呈现出来。从三角形天窗射入的光线照亮了内部空间，折叠屋顶上还安装了通风设施，将光线以动态画面的形式引入空间。屋顶的通风设施全天候运行，设计借助这一设施不断为厕所提供清新的空气。该项目是一个零能源项目，对如何借助阳光和清风打造适应当地环境的无气味厕所进行了探索。（翻译：潘潇潇）

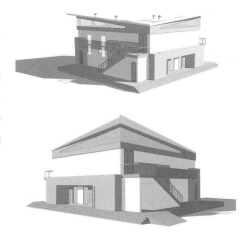

概念图

3丨屋顶的通风设施全天候运行，可以不断地为厕所提供清新的空气
4丨外部楼梯

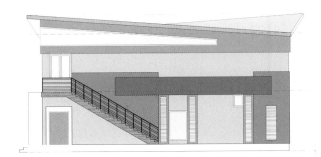

侧视图

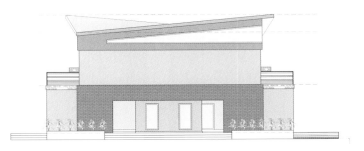

前视图

5

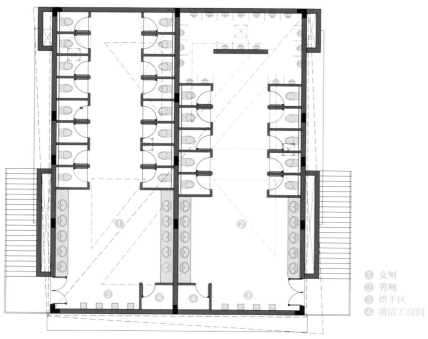

① 女厕
② 男厕
③ 烘干区
④ 清洁工房间

平面图

5 | 干净、舒适的内部设计
6 | 天花板
7-8 | 三角形天窗可以使日光资源的利用最大化

1 屋顶通风设施可以使厕所空间实现自然通风
2 直射日光可以去除细菌和湿气
3 原有洗手间

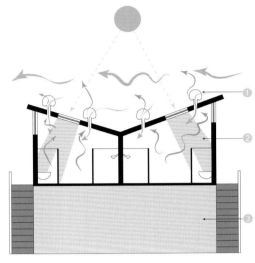

平面图

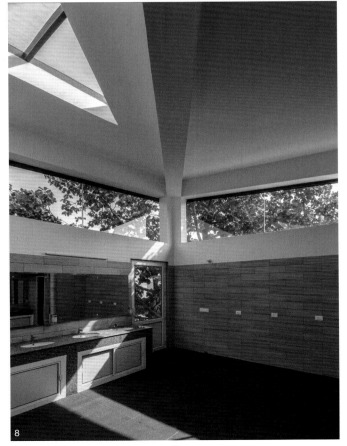

珀斯动物园生态厕所设施

该项目旨在创建一处舒适、方便的新厕所设施，同时运用一些生态可持续战略，其中涉及主被动系统、技术和材料等方面的内容。他们希望这些战略可以使市民了解哪些举措对于他们的居所和工作场所来说是切实可行的。

厕所建筑设计为一系列零散的亭阁建筑，位于一组相互连通的庭院空间内，使人联想起村落的布局和场景。项目所需的功能分摊到项目场地内三栋独立的建筑上，并在拓宽道路的同时避开原有的罗汉松。这样一来，原有的罗汉松便成了主庭院空间内的焦点。

亭阁屋顶轻盈的"漂浮"在底层墙体上方，这种设计既消除了对机械通风的需要，又能保护下方的居住空间。聚碳酸酯屋面板的使用将光线引

项目地点 | 澳大利亚、珀斯
建筑设计 | Chindarsi 建筑事务所
项目面积 | 113 平方米
摄影 | 克雷格·金德、F22 摄影
委托方 | 珀斯动物园

1 | 公共厕所入口设有雨水收集设施和太阳能和风力发电设施
2 | 沿走道而设的亭阁建筑主视图

入下方空间，消除了白天对人工照明的需求。屋顶结构的长方形造型充分利用聚碳酸酯面板的扩展能力，同时有助于尽可能地减少结构材料的使用。

在材料方面，设计团队用废弃木材和塑料复合板搭建有机遮阳篷。这些特征元素是参考周围的树冠和云层覆盖情况设计的，借助漫射光控制视野，并利用了阿尔瓦·阿尔托关于木材和有机生命的研究成果。

项目施工用到了混凝土预制砌块而不是窑烧粘土砖，因为它们具有低能耗性质，另外，设计师还选用了裸露的混凝土地面，没有铺地砖，以此降低项目的能耗，因为混凝土配比中还加入了粉煤灰这种可循环使用的材料以增加粘结性。所有立柱和横梁均是用可反复使用的单板层积材打造的。3毫米厚的瓷釉墙体覆盖层进一步降低了项目的能耗，因为瓷釉木材包层设计减少了墙腰的长度和边料的使用。高密度的聚丙烯管网取代了有毒的聚氯乙烯材料。庭院空间内人流较多的区域设置了可循环使用的橡胶颗粒通道。材料混搭使用不仅可以强化设施的整体功能性和可持续性，还可以给使用者带来更多的视觉和触觉体验。

设施所用的能源来自场地内的太阳能电板和风力涡轮机。太阳能热水装置安装在场地内的一处需要热能的设施上。设施不远处设置了出水口，以便尽可能地减少耗水量；太阳能电板和热水设施的朝向则尽可能多地获得日照。雨水收集池遍布项目场地各处，所有设备和装置均具备节水功能。

（翻译：潘潇潇）

立面图 B-1

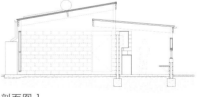

剖面图 1

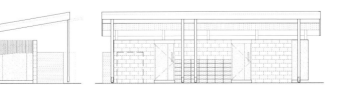

立面图 B-2

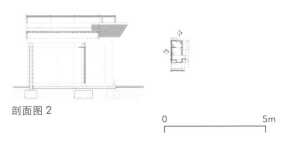

剖面图 2

0   5m

4

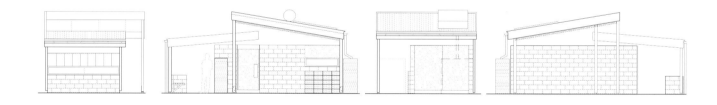

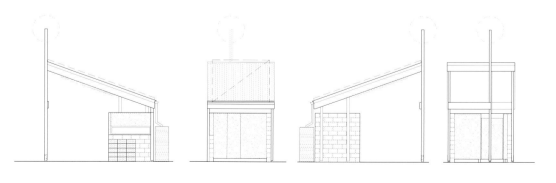

立面图 A

0   5m

4 | 隐蔽的哺乳休息区景象
5 | 浮于分隔墙上方的半透明屋顶
6 | 风力涡轮机和遮阳结构
7 | 在屋顶与下方结构之间的空间可看到外面的树木和天空,此处还最大限度地获得自然光线,并实现空气流通

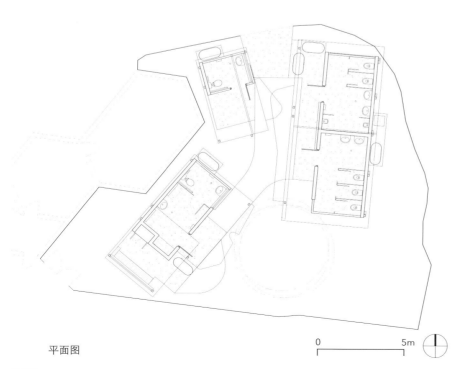

平面图

0   5m

8 | 女厕内视图
9 | 无障碍厕所内视图

欧厝海滨公厕

　　金门岛西南方的欧厝村海滩，位于连绵数十公里的自然沙滩之上，风景开阔且保有宜人的自然特色。其海岸早年由军事管制，近年来转变为居民捕鱼和观光休憩之用。居民平时会进行沿岸捕捞，但选择来此的游客属于散客类型，除白天戏水、堆沙、挖花蛤、观察沿岸生态外，夜间会进行观星和夜游。因此，在这一个数公里长的区段（铜墙山至泗湖）内，海滩上偶尔会发生游客在夜晚找不到出入口的情况。

　　2017 年，公园管理处在海滨设置了一处新的小型公共厕所，北侧海岸仍维持着木麻黄防风林带、步道和原有休憩亭连接，整体处于平缓沙土地形。不同于隐蔽性高的军事建筑修缮工作，或者现代建筑风格带来的疏离感，设计团队希望海滨公厕兼有实用和象征的双重意图。因此，除了满足主要的冲洗、如厕行为，设计团队把它设想为连接村与海的显眼的小型集合点，也是提供来往和夜晚返途标志的重要场所。

项目地点｜中国、金门岛
建筑设计｜里埕设计工坊 + 林嘉慧建筑师事务所
项目面积｜34 平方米
摄影｜陈书毅
业主｜金门国家公园管理处

1｜公共厕所外观
2｜柱廊下回游式通道

除了自然采光、自然通风的特点外，由入口处即可见中央穿廊，辅以指示标志，空间序列一目了然，由冲洗区、厕所群、后侧小径三部分串联而成。

户外冲洗区（等候座位）很容易找到。考虑平日上午的使用人数较少，厕所间采取最精简的室内面积。厕所洗手台置于前后廊下，外部采用迂回动线，借以分隔出男女厕间。

在结构与材料上，以轻量构造、简单材料的棚架与造型来回应环境特质。屋架为象征闽南传统翘脊意象的砖红色钢构框架，屋顶覆以百叶导光隔热板（PC板，具遮光和隔热效能），下方的厕所间由三个钢筋混凝土与灰泥墙体组成，铺面是由防滑瓷砖与传统回收建材构成。整体设计呼应金门海滨的特点，使冲洗与如厕行为可以融入岛屿休闲的舒展特质，营造出合宜且精要的新公共空间风情。（翻译：潘潇潇）

³

3丨前侧入口冲洗区、多功能厕所及洗手台
4丨前侧穿廊景色与清晰的标志

4

① 凉亭
② 岩石
③ 防风林（密林区）
④ 公厕
⑤ 往欧厝聚落
⑥ 往欧厝海滩
⑦ 海滩

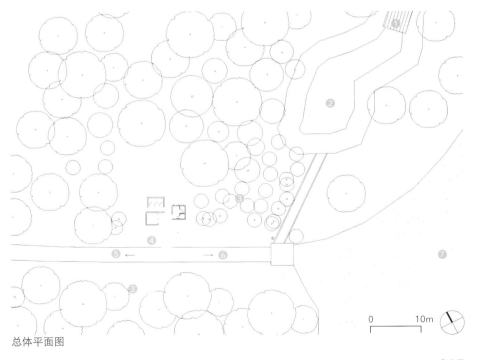

0   10m

总体平面图

5

5| 量体后侧及亲子洗手台
6| 女厕的前廊

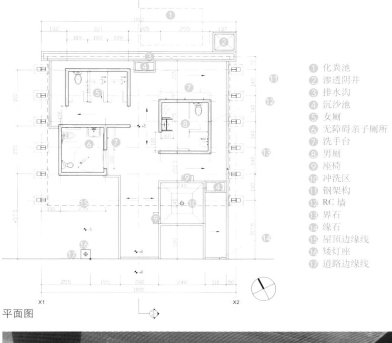

① 化粪池
② 渗透阴井
③ 排水沟
④ 沉沙池
⑤ 女厕
⑥ 无障碍亲子厕所
⑦ 洗手台
⑧ 男厕
⑨ 座椅
⑩ 冲洗区
⑪ 钢架构
⑫ RC 墙
⑬ 界石
⑭ 缘石
⑮ 屋顶边缘线
⑯ 矮灯座
⑰ 道路边缘线

平面图

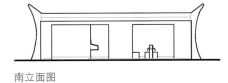

南立面图

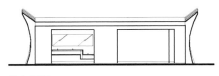

北立面图

独立公共厕所

　　该项目是作为 2013 年濑户内艺术节的一部分而修建的，旨在反映当地的建筑环境品质的同时，为那些亲身体验过这一建筑的人们带来对当地的全新认识。

　　在伊吹岛上的传统建筑中，厕所通常是与住宅相分离的一个小屋。这种分离的关系就如同伊吹岛与日本其他主要地区的关系，或者是繁华都市与偏远山区的一种分离状态。如今，伊吹岛与观音寺市之间仅仅由小班邮轮相连，是如同繁华都市的外围线一样的存在。但是，在日本江户时代，伊吹岛与东京等上层城市有着密不可分的联系。曾经，它也是濑户内海的独立中心。

项目地点 | 日本，观音寺市
建筑设计 | Daigo Ishii + Future-scape 建筑事务所
项目面积 | 51 平方米
摄影 | Future-scape 建筑事务所
委托方 | 观音寺市政府

1 | 屋顶缝隙覆有纤维加固塑胶板
2 | 建筑造型与岛上的房屋无异

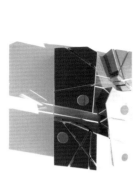

四国岛传统仪式上午　　　冬至上午九点时的　　　拆掉屋顶后冬至上午
九点时的日照情况　　　　日照情况　　　　　　　九点时的日照情况

这一公共厕所项目旨在通过将边缘空间改造为中心，鼓励这个岛屿改变自己的次要地位。当与主屋分离的厕所聚集在一起时，便构成一个强有力的核心体。

设计使用了聚碳酸酯板和烧黑的雪松木板（日式木材干燥法，以达到防虫、抗燃的效果）材料，看上去很像某些较为随意的现代主义设计。事实上，设计由六个部分组成，角度各不相同。项目被构思成一个建筑罗盘，不同切角的几何方向是根据六大国际城市（东京、伦敦、内罗比、纽约、圣保罗与悉尼）的方位来确定的——这座遥远的海岛也在无限与有限的变化中不断确定自己的位置，并找寻着与世界各地不同地方的关系。

有趣的是，设计团队还认真研究了伊吹岛的时间与光线照射情况。夏至以及冬至早上九点，自然光线会透过建筑缝隙直接射入建筑内部。

细部和铺装也反映了海岛上的景观，为访客指示海岛的方位，使当地人意识到海岛的特色。屋顶斜面和外观色彩使其看起来与当地房屋无异。三栋建筑之间的小路反映的是海岛上迷宫一样的道路，小路墙面则是用烧黑的雪松木板打造的，与聚碳酸酯板罩面有细微的差异。

小屋天花板上的开窗将自然光线引入室内，雨水也由此进入水井，公共用水系统未设置之前，岛上用水一直为收集到的雨水。厕所内的给水设施通过开窗与海岛关于水的记忆联系了起来。

设计师将公共厕所的世俗形式提升为出色的架构，为场地环境打上了特有的地域烙印。（翻译：潘潇潇）

31 屋顶坡度与当地房屋的屋顶一致

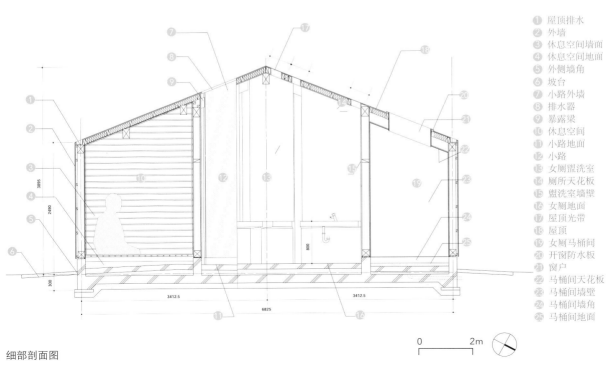

细部剖面图

0 2m

4| 11 个狭缝将小路切割成迷宫一样的造型
5| 厕所内小路的日照情况及环境变化取决于时间和季节
6| 厕所盥洗室，深处是马桶间 A

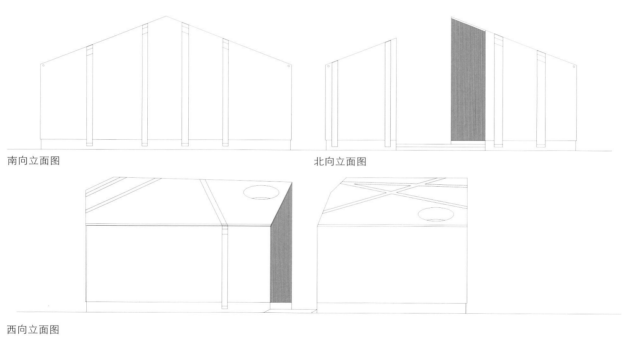

南向立面图   北向立面图

西向立面图

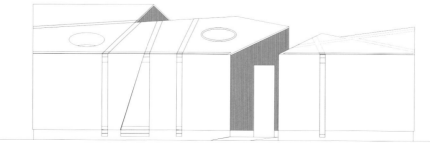

东向立面图

0   2m

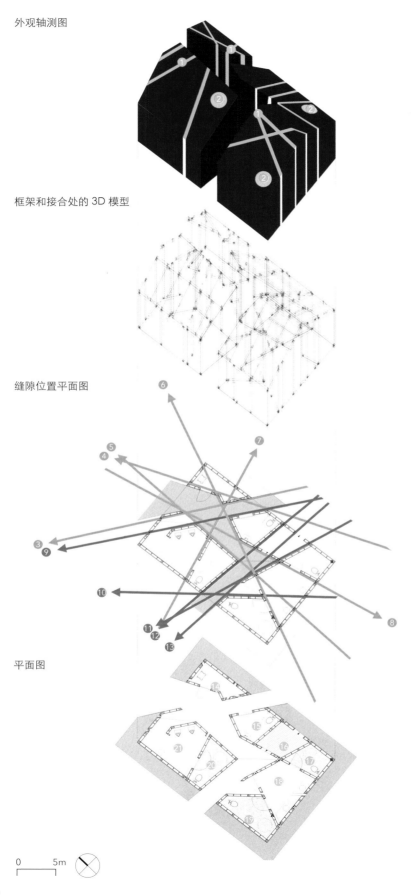

外观轴测图

框架和接合处的 3D 模型

缝隙位置平面图

平面图

1 开窗
2 缝隙
3 内罗比（非洲）
4 伦敦（欧洲）
5 圣保罗（南美洲）
6 纽约（北美洲）
7 东京（亚洲）
8 悉尼（大洋洲）
9 伊吹岛传统秋日祭上午九点时的太阳方位
10 伊吹岛冬至上午九点时的太阳方位
11 伊吹岛传统夏日节上午九点时的太阳方位
12 伊吹岛夏至上午九点时的太阳方位
13 伊吹岛四国岛传统仪式上午九点时的太阳方位
14 仓库
15 残疾人厕所
16 休息空间
17 女厕马桶间
18 女厕盥洗室
19 女厕马桶间
20 男厕马桶间
21 男厕盥洗室

0 5m

空间坐标
时间坐标

乡村厕所

7 | 阳光透过开窗进入女厕马桶间 B 内，在墙面上投射出不同形状的光斑

8 | 女厕马桶间 A 的地面铺满了碎石，并安装了排水孔用以收集雨水

9 | 阳光透过开窗进入内部空间

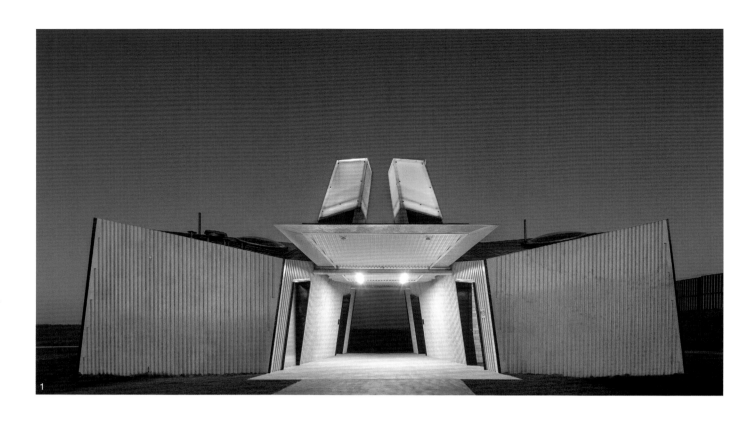

吉朗环路休息区公共厕所

据估计，每年维多利亚州公路上因疲劳驾驶而死亡的人数占交通事故死亡人数的 20% 左右。针对这种情况，维多利亚州公路局提出了维多利亚州休息区计划，旨在通过采取全面的、战略性的办法为维多利亚州的主要道路提供休息场所，以减少由疲劳引发的事故。这一战略的主要目标是提供有趣、吸引人的建筑，以鼓励司机停下来休息——打造具有实用功能且更令人感兴趣的地方，能提供人们用餐、供儿童玩耍的区域。

澳大利亚的休息区有着悠久而丰富的历史，这些地方标志着某一段旅程中的一个点，一个暂时停留和休息的地方，是公路旅行精神的重要组成部分。

尽管实用性是第一位的，但设计团队认为这些建筑是能够产生多重解读和联想的重要民用建筑。休息区结构的轮廓使人联想到城市钟塔或教堂

项目地点 | 澳大利亚、维多利亚州
建筑设计 | BKK 建筑事务所
项目面积 | 110 平方米
摄影 | 约翰·格林斯
委托方 | 维多利亚州公路局景观城市设计

1 | 休息区结构的轮廓使人联想到城市钟塔或教堂的尖顶
2 | 从阴凉区域到厕所的视野

3

的尖顶。从远处看，其造型具有迷惑性，看起来很像车行干道一旁的离奇、毫无用处的建筑。但是，当人们走近时，8 米高的发光玻璃会塔成为引人注目的标志。其内部丰富多彩又充满活力的空间，会给人们带来更为私密的感官体验。

该项目将高速公路休息区和公共厕所从"普通的结构"提升为标志性建筑。它偏离了人们对于此类建筑的预想，反而呈现出一种趣味感和差异性。新建筑具有很强的识别性和场所感，为人们指引方向的同时，提供了一处可以暂时停留的场所。

整个休息区的设施均不使用公用输电网。电力能源来自于汽车停靠结构上方的光伏电池，同时为加油泵和发电机提供照明和电力。这里有备用的自来水管，但是厕所水箱和洗手池所用的水源来自地下混凝土贮水池，而贮水池储存的是从屋顶收集的雨水。

该项目以预制混凝土烟囱结构为自然通风的设施，于是没有了机械通风的需要。类似的，预制墙内的槽沟也可帮助气流回转。

项目场地内没有下水管道，因而必须进行现场排污处理，这反过来又提供了将处理后的水用于景观灌溉的近表面分布系统。整体景观设计提出了一种简单的战略解决方案，栽种的桉树使建筑更为人性化，更重要的是为人们提供了憩息的树荫。

本着低维护成本的原则，项目团队尽量避免使用需要定期维护的材料和设施，而天然饰面的混凝土完全符合这个要求，并已被广泛地应用到场地中。（翻译：潘潇潇）

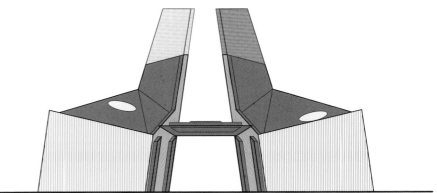

立面图

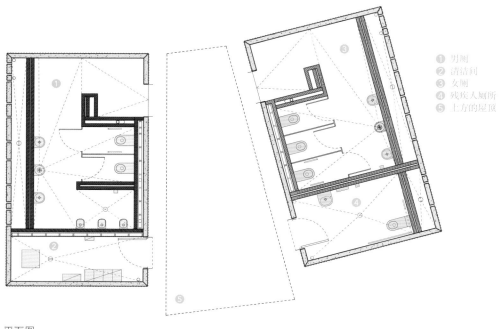

① 男厕
② 清洁间
③ 女厕
④ 残疾人厕所
⑤ 上方的屋顶

平面图

230

4 | 厕所对面的用餐区景象
5 | 女厕装潢采用了淡黄色和深黄色的瓷砖
6 | 男厕内部采用了淡蓝色和深蓝色的瓷砖进行
装饰，营造了一种更为私密的感官体验

克里夫顿路保护区公共厕所

这些厕所位于海岸公路旁、自行车道和海洋之间，为在海岸边散步、骑行和过夜的露营人士服务，同时取代了那些先前服务于保护区的阴暗、有味道的老式公共厕所设施。项目场地介于海岸和郊野之间，在形式和色彩上参考了新西兰简单、传统的红色农场建筑。

厕所设计旨在打造一处可以欣赏角球场海湾景致的遮阴场地。一个有顶棚的结构将两个厕所隔间分隔开来，在减少建筑体量的同时，入口处还为访客们提供了一处遮阴场所。人们可以由两侧进入遮阴区，这也方便了厕所两侧海滩保护区上的露营者。考虑到坚固性和实用性的问题，设计团队决定用预制混凝土板材打造墙体。他们在混凝土板中浇筑出凹槽进行装饰，从远处看，这些凹槽形成超大的图案，宣示着它的功能，为周边景观增添了一抹诙谐的色彩。

项目地点 | 新西兰、霍克斯湾
建筑设计 | Citrus 工作室
项目面积 | 12 平方米
摄影 | Citrus 工作室
委托方 | 哈斯丁区议会

1 | 两间厕所共处一片屋檐之下
2 | 厕所之间的遮阴区为在此歇脚的人们提供了一处欣赏海湾景致的场地

232

2

该项目因委托方先前的委托项目法莱克斯梅公园和威廉尼尔森公园厕所而起，并进一步探索了早先时候的想法，让人们在厕所内也能获得独特的环境体验。厕所设在开阔的景观之中，建造一个密闭、通风的盒子会令人不舒服，因此，设计团队对建筑屋顶进行了特别的处理，使其与墙体分离。二者之间的缝隙可以使气流和光线进入厕所，这样一来，人们在厕所内便能听到海浪声，闻到大海的气息，也不再有机械通风的需要，同时减少了人工照明的需求。这里满是带有缝隙的硬木板条，打造出立体的光影效果，并向乡村建筑传统致敬。

在通往小镇的一眼望不见尽头的公路上，这个公共厕所是一处大型景观。为了使厕所变得醒目，设计团队将其漆成鲜艳的红色，使其可以作为海岸公路沿线的路标。除此之外，这里还可以为人们提供短暂的休息之所，在人们补充体力的同时，抬起头便能欣赏远处的风景。（翻译：潘潇潇）

3 | 预制墙面内的凹槽既可起到装饰作用，又可遏制随意涂鸦的行为
4 | 厕所被漆成鲜艳的红色，可以作为海岸公路沿线的路标

① 马西亚景致
② 海角视野
③ 原有的石灰路面
④ 克里夫顿路

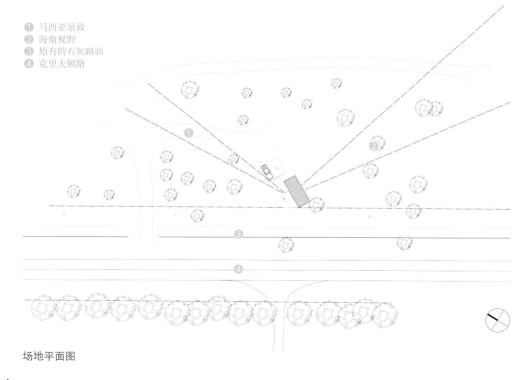

场地平面图

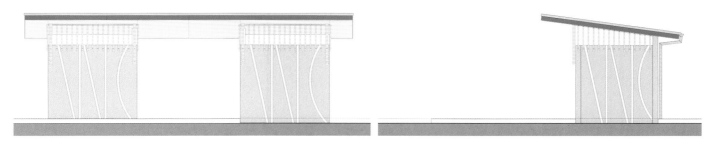

西向立面图   南向立面图

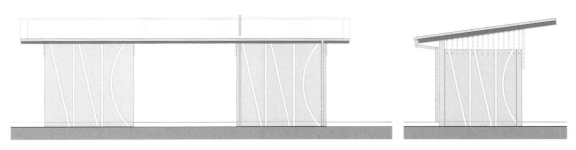

东向立面图   北向立面图

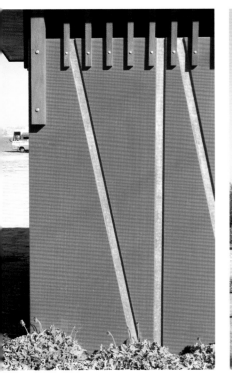

235

5

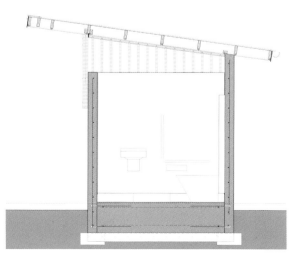

剖面图 A-A

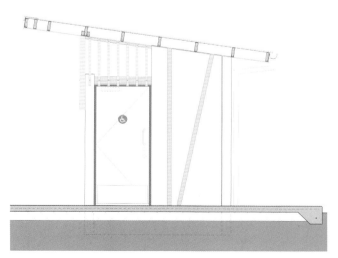

剖面图 B-B

5 | 厕所内部也被漆成鲜艳的红色，使空间看起来更加明亮

6 | 在屋顶和墙壁之间留出缝隙，允许光线和空气进入内部空间

7 | 为了确保安全性，设计团队在屋顶和墙壁之间的缝隙处安装了木板条

建筑平面图

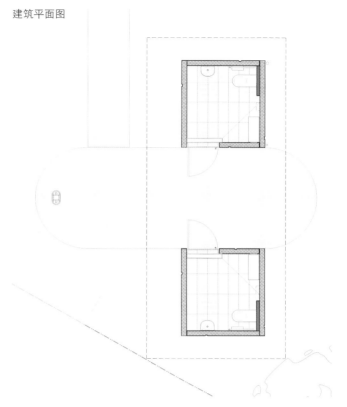

卡尔德伍德伯恩休息区

作为主管公路网的维多利亚州公路局针对本项目举办了一次设计大赛，并从中选中了本设计方案。本案设计希望将历史上的基本建筑类型（厕所）改造成一种令人愉悦并愿意使用的建筑。设施由一系列城市元素组成，包括重新安置的纪念碑、全新的野餐亭、车库和厕所设施。

在澳大利亚，公路休息区有着悠久而丰富的历史。本案的大型浮顶结构给每一位路人都留下了深刻的印象。过路者不仅可以在此歇歇脚，还可以在此思考旅途中的所见所闻。它不但可以遮风挡雨，而且本身就是一个标志性建筑。

设计团队希望该项目可以成为一处城市地标。城市地标是城市的一部分，也是为游客所熟知的地方，它们可以为人们提供更多的地区文化信息。本厕所建筑位于河漫滩以外，跳出了传统意义上的"厕所"形象，成为一处城市地标。这栋厕所建筑可以被视为卡尔德伍德伯恩纪念大道和谢珀顿休息区的门户。休息区旁边有道路景观系统和各种植物，介绍卡尔德伍德伯恩纪念大道的信息板也被设置在这里。不仅信息板再现了昔日光荣大道的样貌，这里还摆放了多个野餐桌，使过路者可以驻足阅读信息板上的信息。

项目地点 | 澳大利亚，维多利亚州
建筑设计 | BKK 建筑事务所
项目面积 | 549 平方米
摄影 | 约翰·高林斯
委托方 | 维多利亚州公路局景观城市设计

1 | 建筑外观，看上去好似一座城市纪念碑
2 | 大面积的浮顶结构不但可以遮风挡雨，而且本身就是一个标志性建筑

厕所建筑采用了标准的道路建造技术，在加固的混凝土路面上铺装预先浇筑的混凝土板块。这样不仅可以节省施工时间，还可以减少人力和施工成本。屋顶所采用的材料为钢筋，可以达到遮阴的效果。

圆柱结构使人想起了道路和桥梁建造所使用的预先浇筑的元素，设计团队为它们漆上不同的颜色，从旁边走过的人们可以注意到光谱变化的效果。室内的隔板是用彩色砖块砌筑而成的，外立面则用混凝土包裹，呈贝壳状。总之，所有材料在选择时均将稳定性和低维护成本考虑在内。

水资源保护也是该项目的一个重要内容，主要有三种途径：收集、处理和景观。其中一个桶形贮槽是主要厕所设施的一部分，内设水槽，可以储存从屋顶收集来的雨水。这些雨水随后被输送至厕所设施内，一部分用来冲刷厕所和洗手，另一部分经过处理后变成了饮用水。接着，厕所设施产生的废水会进入非化学处理的化粪池系统进行预处理，然后被输送至植物洼地。最后，设计团队对景观进行改造，强化硬表面的排水功能，将处理后的雨水输送给场地内的树木和植被。（翻译：潘潇潇）

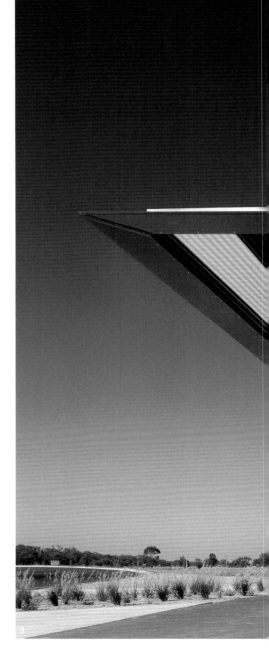

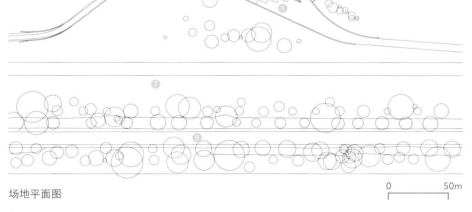

场地平面图

0　　　　50m

① 卡车服务站
② 休息站
③ 停车场
④ 野餐亭
⑤ 纪念碑
⑥ 环形看台
⑦ 卡尔德伍德伯恩纪念大道
⑧ 高宾谷公路

3 | 柱面的凹槽外观

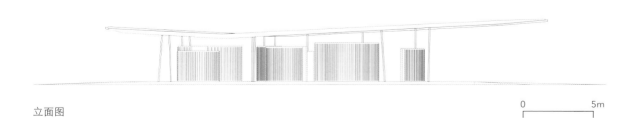

立面图

0   5m

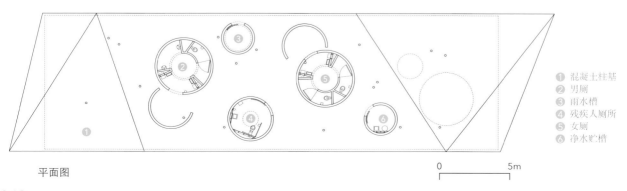

平面图

0　　　　　　5m

① 混凝土柱基
② 男厕
③ 雨水槽
④ 残疾人厕所
⑤ 女厕
⑥ 净水贮槽

4 | 其中一个桶形贮槽是厕所主要设施的一部分，内设水槽，可以储存从屋顶收集来的雨水
5 | 室内的隔板是用彩色砖块砌筑而成的，外立面则用混凝土包裹，呈贝壳状

挪威峡谷休息站

挪威西部的峡湾不仅以陡峭的山峰、冰川、深谷和峡湾而闻名，其肥沃的耕种土地和风景如画的村庄也极具特色。从奥兰德到莱达尔的路线是最受欢迎的旅行路线之一，每年 6 月到 9 月，都会有游客翻山越岭来此探险。

挪威峡谷休息站位于奥兰德顶部海拔 1200 米处，这里荒无人烟、气候恶劣。在一年的八个月的时间里，挪威峡谷休息站都被皑皑的白雪覆盖，但是到了夏天这里就成了登山徒步者的起点。

本项目包括一个小型厕所建筑，另有一个占地 1200 平方米的停车、休息区域。卫生间的形状可以应对任何不利的天气情况，同时最大程度地利用了阳光并形成一个遮阳挡雨的场所。建筑包括两个卫生间和一个技术区，内部采用木材装修，而外部则采用混凝土结构。

项目地点 | 挪威、奥兰德
建筑设计 | LJB 建筑事务所
项目面积 | 20 平方米
摄影 | LJB 建筑事务所、E. 马基西（室内）、H. 贝恩特松
委托方 | 挪威公共道路管理局

1 | 休息站成为登山徒步者的一个登山起点
2 | 厕所建筑——混凝土外观安装有暖色的橡木门，周围有一堵天然石墙

244

项目的主体结构是用混凝土现场浇铸而成的，造型为一个倾斜放置的立方体，这使得其内部能够接收到场地充足的阳光，并利用其装在立面上的太阳能电板将光能储存起来并加以利用。厕所采用了现代真空技术，用水来自建筑下方基岩钻井。阳光与电池组交替使用，使这栋偏远的厕所建筑实现了100%的能源自给。

　　场地规划图解释了道路、停车区和景观之间的自然过渡理念。广场东侧与外部道路用厚重石墙隔开。场地不远处摆放了几组混凝土桌和石凳，不仅勾勒出停车区的轮廓，还可供游客休息使用。（翻译：潘潇潇）

场地平面图

3-4 | 倾斜的窗口上安装有太阳能电板
5 | 石凳和桌子将停车场和自然环境分隔开来

6 | 有遮盖的入口处设有排水系统和木门
7-8 | 内景——混凝土、木料和不锈钢形成对比

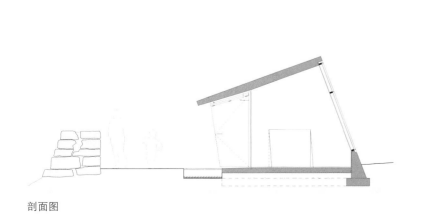

剖面图

① 第三卫生间
② 技术室

平面图

弗里达尔斯尤威
观景台休息站厕所

　　弗里达尔斯尤威是盖伦格峡湾尽头的一个峡谷。休息站位于通往峡湾的一个陡峭的山腰上。这是悬于现代玻璃结构之上的传统原木建筑，向挪威当地古老的建筑传统致敬。

　　设计团队的主要任务是为大量从上方路段高地（停车场所在地）过来的游客打造一条安全通道，穿过坡道便可抵达下方的观景台。

　　下方路段平台的混凝土路面上共建有三栋独立的建筑，建筑之间留有窄道，通往安装有防护措施的山脊。白色的混凝土长凳用玻璃板材架起，形式与沿平台而建的原木建筑的玻璃结构类似。

项目地点 | 挪威，盖伦格峡湾
建筑设计 | 3RW 建筑事务所
联合设计 | Smedsvig 景观设计事务所、NODE 咨询公司、Øystein Kjerpeseth—Nature AS 公司
项目面积 | 170 平方米
摄影 | 海恩、雅勒·瓦勒尔、肯·斯鲁其特曼、兰齐尼
委托方 | 挪威国家景观公路、公共道路管理局

1 | 休息站以盖伦格峡湾为背景
2 | 建筑墙壁安装了结构性玻璃基板，允许光线透过大面积的木制墙面进入内部空间

248

3 | 以弗里达尔斯尤威峡谷景色为背景的休息站建筑
4 | 厕所建筑修建在混凝土地基之上，玻璃支撑起传统木制结构
5 | 休息站场景图
6 | 从地面伸出的黄色钢管结构可以起到集水槽的作用

设计团队对有着上百年历史的原木建筑构造元素进行了重复利用，将其作为新结构的框架，为厕所和咨询台提供便利。项目所用的原木是从现场收集来的，并由将传统发扬光大的匠人进行翻新。设计团队为墙壁安装了结构性玻璃基板，允许光线透过大面积的木制墙面进入内部空间。

这片区域的古老木制建筑均采用本地化立面这一传统定位：建筑正面采用彩色覆面，其他立面不加装饰，仅对支撑房屋和火炉的结构元素进行展示。

该项目探讨了挪威景观不断变化的情况——一直在根据当地情况和环境进行调整、变化和改进。目前正在从以农业、渔业和工业为基础的社会（提供食品、电力和矿产）向有服务意识的社会（提供观景和探险之地）转变，为越来越多的挪威沿海社区提供现代的发展环境。这些项目很好地应对了此次转型带来的问题。（翻译：潘潇潇）

场地平面图

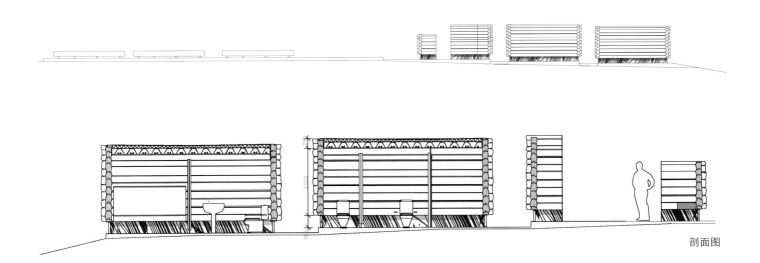

剖面图

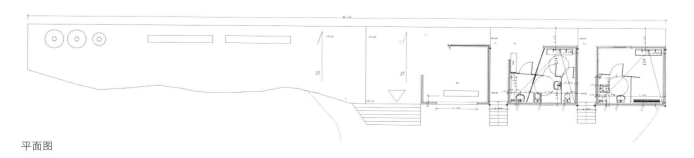

平面图

7 | 其中一栋关闭着的服务建筑
8 | 厕所建筑内部情况，阳光反射照亮了内部空间
9 | 深色的木制结构与明亮的玻璃衬层地板形成
鲜明对比

1

挪威瀑布公共厕所

Fortunen 建筑事务所在 Skjervet 瀑布的下游设计了一个可欣赏瀑布景色的服务区。服务区由两个厕所和一个技术室组成，而 Østengen & Bergo 建筑事务所则负责项目场地的景观设计工作。设计旨在为人们打造一种独特而令人惊喜的空间体验。主要的设计理念是保护这里的野生自然状态，并让设施融入自然景观。

建筑本身位于开阔的瀑布景观之中，并且可以远望陡峭的崖壁和流动的溪水。这样的景观使得场地和周围的环境形成强烈的冲击，并成为项目的一大特色。整栋建筑看起来像是用山间岩石雕刻出来的一座小山，只是搬到了河岸的另一边。

项目地点 | 挪威，格兰文
建筑设计 | Fortunen 建筑事务所、Østengen & Bergo 建筑事务所
项目面积 | 16.5 平方米
摄影 | 斯泰纳尔·斯卡阿、Fortunen 建筑事务所、帕尔·霍夫、维达·海尔
委托方 | 挪威国家旅游局

1 | 厕所建筑成为项目场地内的标志性结构
2 | 建筑立面是用光滑的不锈钢和玻璃打造的，另一面看上去像是用当地坚硬的石头打造的

（右侧竖排文字）乡村厕所

建筑沿着河岸矗立着。临河的建筑立面是用不锈钢打造的，巧妙地映出远处河流和森林的景致。其他立面在人们踏入项目场地时便能看到，用当地石材贴面，与周边山体的色调和纹理融为一体。建筑试图模拟周围山脉庞大的形态。与外立面不同的是，洗手间内部用的是深色的、暖色调的松木胶合板，烘托出温暖的空间氛围，色调也意在呼应河对岸的树林景观。两扇高大的落地窗面向河流敞开，人们可以在此欣赏到流水、森林和高耸入云的山脉景观。（翻译：潘潇潇）

区位图

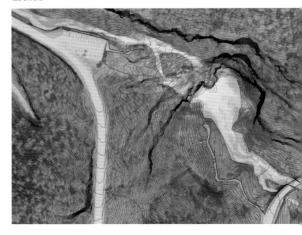

3 | 面向河流一面的建筑巧妙地映出流水和天空的景致
4 | 冬日里的厕所建筑

剖面图

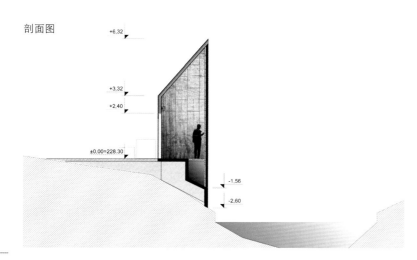

平面图

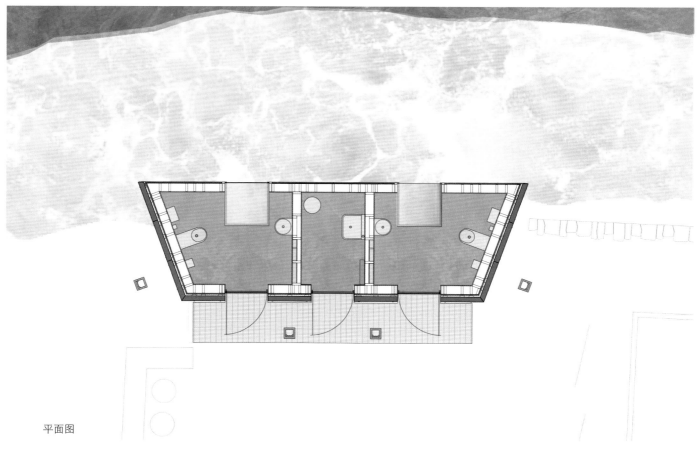

索引
INDEX

图书在版编目(CIP)数据

厕所革命/李竹编.—桂林:广西师范大学出版社,
2018.9
ISBN 978 – 7 – 5598 – 1122 – 6

Ⅰ.①厕… Ⅱ.①李… Ⅲ.①公共厕所－建筑设计
Ⅳ.①TU259②TU998.9

中国版本图书馆 CIP 数据核字(2018)第 182870 号

出 品 人:刘广汉
责任编辑:肖　莉
助理编辑:冯晓旭
版式设计:吴　茜

广西师范大学出版社出版发行

(广西桂林市五里店路 9 号　　　邮政编码:541004)
(网址:http://www.bbtpress.com)

出版人:张艺兵
全国新华书店经销
销售热线:021 – 65200318　021 – 31260822 – 898
恒美印务(广州)有限公司印刷
(广州市南沙区环市大道南路 334 号　邮政编码:511458)
开本:889mm×1 194mm　　1/16
印张:16.5　　　　　　字数:40 千字
2018 年 9 月第 1 版　　2018 年 9 月第 1 次印刷
定价:188.00 元